# L'ÉCOLE

DU

# JARDIN POTAGER.

©

# L'ÉCOLE

DU

# JARDIN POTAGER

CONTENANT , MOIS PAR MOIS ,

L'INDICATION DES TRAVAUX , DE LA CULTURE ET DES SEMENCES
A FAIRE A CHAQUE ÉPOQUE ,

POUR LE POTAGER , LES FOURRAGES , CÉRÉALES,
GAZONS , ETC.

Ouvrage destiné aux départements du Midi ,

PAR

## Mme de GUERCY née PRÉVOST,

Commerce de graines,

Place des Carmes, 14.

TOULOUSE,
IMPRIMERIE DE A. CHAUVIN,
RUE MIREPOIX , 3.

—

1859.

*Toulouse, le 28 novembre 1829.*

MADEMOISELLE,

Nous avons lu avec le plus vif intérêt le manuscrit que vous avez cru devoir nous communiquer, et nous avons trouvé beaucoup de modestie dans le titre sous lequel vous vous proposez de le faire paraître. Vous n'écrivez point seulement, en effet, pour les jardiniers, ou pour l'homme qui consacre ses loisirs à l'horticulture ; le véritable agriculteur, celui qui cherche à augmenter les produits de ses champs, peut y puiser les notions les plus utiles ; vous y parlez, surtout, des *fourrages* comme en ont parlé les agronomes les plus instruits, et votre *Ecole* a encore l'inestimable avantage de ne présenter que les principes consacrés par l'expérience la moins équivoque.

Votre ouvrage, rempli de définitions exactes et de faits intéressants, peut donc être considéré comme un excellent MANUEL propre aux grands et aux petits propriétaires, et nous applaudissons à la généreuse pensée qui vous l'a fait entreprendre. Puissiez-vous trouver dans sa publication la récompense de votre zèle et des efforts que vous ne cessez de faire pour favoriser les progrès de la plus utile de toutes les sciences !

Veuillez agréer, MADEMOISELLE, les assurances de notre considération la plus distinguée.

*Le Président de la Société royale*
*d'Agriculture,*

MALARET, *signé.*

*Le Secrétaire perpétuel de la Société royale*
*d'Agriculture.*

CAVALIÉ, *signé.*

# AVANT-PROPOS.

---

En faisant réimprimer l'*Ecole du jardin potager* pour la cinquième fois, je ne peux m'empêcher de témoigner ma reconnaissance à **MM.** les membres composant la Société d'Agriculture pour l'appui dont ils m'ont favorisée. J'ose croire qu'ils apprendront avec plaisir l'entière réussite de mon essai. Ce petit ouvrage a été goûté par nos grands propriétaires ; ils ont pris chez moi les graines étrangères et de grande culture. Tous ces messieurs peuvent compter que ma maison continuera à mériter la confiance dont ils l'ont toujours honorée.

---

# OBSERVATIONS PRÉLIMINAIRES.

Afin de faciliter les recherches, je dois prévenir le lecteur de la division que j'ai adoptée. J'ai préféré l'ordre alphabétique, comme le plus simple, et j'ai divisé mon opuscule en deux chapitres principaux :

Dans le premier, j'indique les graines qui servent au potager proprement dit ;

Dans le second, je traite des graines qui servent aux fourrages.

Ces graines se divisent en quatre familles naturelles, formant quatre classes : la première comprend les graines de la famille des graminées ; la deuxième, celles des légumineuses ; la troisième, celles qui appartiennent à diverses familles ; la quatrième, les racines-fourrages.

Enfin, j'entrerai dans quelques détails sur les

céréales et sur les gazons. En indiquant les temps propres aux semences, je dirigerai les jardiniers des campagnes qui doivent apporter le plus grand soin à leurs semis, et les renouveler à quelques jours d'intervalle.

Pendant l'hiver, il est de nécessité urgente d'établir des banquettes bâties, ou en terre, le long d'un mur exposé au midi; pendant le printemps et l'été, on place les banquettes à mi-ombre.

C'est ainsi que les plantes réussiront : jetées dans des carreaux de jardin, les graines délicates deviennent la pâture des insectes, qui rampent dans la nuit, et dévorent tout avant que l'œil vigilant du jardinier ait aperçu leurs germes s'élever. Quand les semis sont ainsi devenus sans résultat, on se plaint à tort de la qualité des graines : les précautions que j'indique auraient prévenu tout inconvénient.

Je citerai pour exemple le chou cabus plat, cultivé avec avantage par les jardiniers de Toulouse : on peut voir leurs produits exposés sur nos places; et cependant cette même graine, dont j'ose répondre, ne peut point réussir lorsqu'elle est distribuée dans les campagnes; il en est de même pour toutes les autres semences : le procédé que je propose suffira seul pour obtenir tout succès.

Je dois recommander aux jardiniers d'avoir des terreaux bien consommés, et de s'en servir pour toutes les graines menues et délicates, qu'ils doivent enterrer très-peu, surtout dans les terrains forts; il vaut mieux alors répandre des terreaux par-dessus, ou, si elles sont très-fines, et le semis peu étendu, y tamiser un peu de terre en poussière, et le couvrir de mousse légère : quand les graines sont trop enterrées, il n'en lève qu'une très-petite partie ; ce peu est même lent à germer, et ordinairement le plan est faible.

Tous les semis de printemps et d'été, surtout dans les terres fortes, doivent être garnis de terreau, ou au moins de fumier court (1); on peut aussi les couvrir d'un peu de mousse, pour les préserver du hâle et de la sècheresse ; on empêche ainsi la terre de se gercer, de se durcir, et de former une croûte. Tous les semis en général ont besoin de fréquentes mouillures.

Lorsque la terre des banquettes sera épuisée, après avoir enlevé les semis, et avant que d'en établir d'autres, on mettra quelques pouces de

(1) On entend par fumier court les parties grossières du terreau, ou les pailles très-courtes qu'on retire des bords et des sentiers des couches, ou des tas de fumier consommé, qu'on pulvérise encore pour les rendre plus douces; on évite par ce moyen les grosses pailles, qui empêchent le fumier court de toucher la terre.

terreau pour faciliter la germination des nouvelles graines.

Les bornes que je me suis imposées ne me permettront pas d'entrer dans de trop longs et trop minutieux détails; je me borne à indiquer ce qui est absolument nécessaire pour la réussite des semis et le temps propre aux semences. Instruire le jardinier, piquer son amour-propre, lui donner le goût de son état, lui inspirer une sorte d'émulation contre son voisin : voilà le but où j'aspire, et que je me trouverai satisfaite d'avoir atteint.

J'offre de nouvelles espèces de plantes potagères qui ont parfaitement réussi. Afin de les mieux faire connaître, j'ai donné pour essai, à divers jardiniers, des choux, du céleri, et autres articles que je puis dire avoir commencé de propager.

## TERREAUX.

La prévoyance du jardinier doit se fixer sur la provision des terreaux : il doit les former au moyen de terres prises aux bords des champs, le long des chemins, autour des paillers, et sur les sols.

Cette terre, ainsi que les gazons qui s'y trouvent ordinairement mêlés, doit être entassée par couches, avec du fumier : celui de mouton est surtout à préférer. On doit laisser le tout se consommer, arroser même le tas par un temps trop sec (on sait que les fumiers sont desséchés pendant l'été), et couper avec la bêche la terre du tas du haut en bas : par ce moyen la terre et le fumier se mêlent ; ils faut reconstruire alors le tas, et répéter le même procédé à plusieurs reprises ; ce terreau bien consommé servira pour les semis. Il ne faut pas que le jardinier s'en tienne à un seul tas, et qu'il attende de le voir à sa fin ; il doit en avoir plusieurs préparés à l'avance, et à divers temps. Il aura soin de se servir toujours des terreaux les plus anciens ; avec ces précautions, qui n'exigent ni grande peine ni perte de temps, il sera payé largement par la réussite des semis ; tandis qu'en semant à plate-terre, sur un terrain mal préparé, non fumé, les graines ne peuvent naître et sont dévorées par les insectes.

Par un printemps humide, les plantes même transplantées ne sont pas à l'abri d'être dévorées, quoique fortes ; à plus forte raison des graines produisant de jeunes plantes délicates sont-elles exposées à devenir la pâture des limaces. La carotte, par exemple, comme je le

rappellerai à son article, est souvent dévorée par
l'araignée de terre. Voici le seul moyen de la
conserver, ainsi que tous les semis ; il faut
prendre de la chaux vive, la jeter dans une tine
remplie d'eau, lui laisser faire son ébullition,
remuer avec un bâton, et après qu'elle est dis-
soute, répandre cette eau avec un arrosoir sur
le semis dévoré par les insectes; ils ne reparaî-
tront plus ainsi de longtemps sur le même terrain, car ce procédé a été employé toujours avec
succès.

Les limaçons se groupent ordinairement sur
les plantes fortes, soit groseillers, bordures en
buis, ou tous autres. Prenez de la chaux en
poudre bien pulvérisée, saupoudrez en tout sens
ces plantes; vous verrez les limaçons tomber et
mourir. C'est de cette manière que nos jardiniers sauvent en grande partie leurs semis, et
fournissent abondamment nos marchés, et même
les campagnes.

# CALENDRIER

DES

## ÉPOQUES DE SEMIS, PLANTATIONS, ETC.

La température n'étant pas uniforme toutes les années, on conçoit que les indications suivantes ne peuvent être d'une exactitude rigoureuse, et que l'on devra avancer ou retarder les semis, selon que la saison sera plus ou moins hâtive, ou tardive.

## JANVIER.

Le soleil monte au mois de janvier, et commence en quelque sorte, avec l'année, un nouvel ordre de végétation.

Toutes les semailles des mois précédents, dont l'approche de l'hiver ralentissait la venue, annoncent à l'arrivée de janvier le prochain renouvellement de la nature; aussi devient-il plus aisé de faire des semailles de primeur.

On commence les semis de l'ognon de Lescure; on sème la laitue à couper, dite petite laitue, la chicorée sauvage et les fournitures, le nasitort, la roquette, le cerfeuil, le persil, le pourpier, le petit céleri, les radis et petites raves de primeur, la carotte blanche hâtive, la courte rouge de Liège, le céleri gros pour repiquer sur couche, des choux pommés hâtifs d'Aleth, pois michaux et nains, et autres espèces désignées en décembre, et tous les choux hâtifs, si les semis précédents avaient manqué.

Semer aussi avec les soins recommandés des pois hâtifs, remplacer les fèves qui auraient péri par celles de Nice.

# FÉVRIER.

Si la terre n'est ni gelée, ni couverte de neige, on continue à semer les petites salades et leurs fournitures, les radis, mêlés de carottes si l'on veut; chou pommé, chou cabus, chou d'Aleth hâtif, pour les avancer, et replanter en place au mois de mars; pois michaux, et autres qui auraient manqué dans les mois précédents; les asperges, et les artichauts pour ceux qui seraient en retard; la chicorée-scarole pour l'été, des laitues-gottes frisées, mousseronnes crêpes; persil. On peut élever aussi du plant de romaine et de lombarde à graine noire, d'aubergines; semer le porreau, l'ognon de Lescure; carottes hâtives, courte de Liège, blanche très-sucrée, très-grosse à collet vert; piment, *idem* doux; épinards, diverses espèces.

Planter en terrain léger de l'échalote, de l'ail et de la rocambole.

Semer de la graine d'asperges en pleine terre à la fin de ce mois. Mettre en terre les pattes d'asperges.

Semer aubergines violettes, les tomates; semer sur couche les fleurs d'automne.

## MARS.

C'est dans ce mois que la terre ouvre son sein, et appelle toute l'activité du jardinier.

On replante toutes les bordures de fraisier, d'oseille, d'estragon, etc.

On sème en abondance, et sans crainte, diverses sortes de pois michaux, des fèves, plusieurs espèces de laitues, de la romaine, de la scarole, de la chicorée frisée de Maux, de la chicorée sauvage en bordures ou en planches, du cerfeuil, persil, ognon, porreau, de la ciboule , des carottes, betteraves, épinards, des raves et radis, et de tous les légumes de pleine terre, excepté les haricots, cardons, aubergines.

On peut planter des asperges, faire des semis en grains, placer les pattes en terre, si l'on n'a pu le faire le mois précédent.

Le chou d'Aleth, s'il a manqué, chou cabus hâtif, petit d'York, salsifis, scorsonère, tomate ordinaire, la grosse, la jaune, et la tomate unie sans côte de Naples. Répéter les semis qui auraient manqué.

# AVRIL.

On continue les travaux du mois précédent, on sème et on plante abondamment toutes sortes de légumes, on sarcle les semis déjà faits, on éclaircit ceux qui sont trop épais, on œilletonne les pieds d'artichaut, et on plante les plus beaux œilletons pour former un nouveau plant si on en a besoin.

On peut encore planter des asperges dans le commencement du mois.

Les arrosements se font le matin, dans la journée, et non le soir, crainte de quelque gelée blanche. Semer dans ce mois les choux de Milan , diverses espèces : milan des vertus, gros pointu, milan blanc doré de Russie, le chou de

Bruxelles, rosette, ou mille-têtes, connu sous ces trois dénominations; haricot hâtif rond de Soissons, mange-tout; haricot-sabre à grandes rames.

La végétation prenant beaucoup d'activité dans ce mois, le jardinier ne doit pas perdre de vue les plantes qui passent vite, telles que raves et radis, épinards, cerfeuil, laitue romaine, pois, etc., afin d'en semer assez souvent pour ne pas en manquer. On sème les concombres et cornichons.

Si l'on n'a pas semé le céleri et les cardons à la fin du mois de mars, il faut se hâter de le faire dans le commencement de celui-ci.

## MAI.

On peut encore semer de la ciboule, et tous les légumes (1) qui auraient été oubliés.

On peut encore semer au mois de mai des betteraves, de la carotte chaque quinze jours, le concombre, les cornichons verts, choux-fleurs

(1) J'emploie le mot *légume* dans l'acception générale qui lui est donnée dans la langue française, et qui est usitée presque dans tout le royaume; il doit s'entendre, dans ce cas, non-seulement des pois, haricots, fèves, etc., mais encore de toutes sortes de plantes potagères.

de Hollande, le dur et demi-dur, en recommandant de le semer, ainsi que les brocolis, à huit jours de distance l'un de l'autre; les choux-fleurs, depuis la fin de mai jusqu'à la fin de juin, des cardons d'Espagne et de Tours, des laitues pour pommer, et des romaines; quelques petites raves et radis, des navets de primeur, des haricots, des mange-tout de toute espèce, des pois hâtifs. Le mois d'avril est infiniment plus propre à ces semailles.

## JUIN.

L'été est le temps de la récolte : il n'est plus guère question de semer ni de planter; on sème cependant encore en juin, dans les parties à mi-ombre, des épinards et des fournitures ; mais ces semences hebdomadaires n'ont qu'une coupe.

On sème la grosse rave, le radis long, le petit radis noir et le gros ; de la graine de raiponce, comme en août, en l'arrosant souvent; on sème des laitues pour pommer, telles que hollandaise, paresseuse, Batavia, laitue-chou de Versailles, et des chicorées, des haricots, des pois michaux, des carottes.

Après juin jusqu'à l'hiver, outre les semences qu'on a vu plus haut qu'il fallait faire en avance pour l'année suivante, on en fait encore d'autres dont on est payé sur-le-champ.

Telles sont les semences hebdomadaires, c'est-à-dire les fournitures de salade, les épinards, les radis, les raves, les navets, les radis noirs; on élève encore du plant de laitue et de chicorée, et même diverses graines légumineuses, comme haricots-prud'homme, hâtifs, surtout les pois michaux, les pois de Clamar.

Quoique rien de ce qu'on sème après le solstice d'été n'amène les graines à maturité, comme on se contente ici de ces graines vertes, on peut en faire la récolte.

Enfin, ceux qui ne craignent aucune dépense pour se procurer des raretés, sèment au commencement de juillet des concombres, dont ils recueillent les fruits, à force de fumier, en décembre et janvier.

## JUILLET.

Les semis de tous les légumes dont le produit peut être obtenu en moins de trois ou quatre mois, se continuent comme dans le mois précédent, tels que toutes sortes de salades et fournitures, des haricots pour manger en vert, des pois, des cornichons, des aubergines, des choux-fleurs d'automne, brocolis, choux-navets,

carottes d'automne. On butte le céleri tous les
quinze jours, pour en avoir toujours de prêt à
consommer. A la fin du mois on sème des choux
pommés, que l'on repique en pépinière; on
pourra semer aussi des choux d'York, pour
en jouir à la fin de mars : on sème des ciboules
et du porreau pour succéder à celui qui a été
semé au printemps; mais il est bon de se sou-
venir que si les graines que l'on sème alors pour
donner leur produit au printemps suivant étaient
trop nouvelles, les plantes seraient sujettes à
monter : la saison la plus sûre pour faire ces
sortes de semis est du 10 au 15 août; c'est le
temps de semer l'ognon blanc pour être re-
planté en octobre, et les scorsonères pour passer l'hiver.

On peut voir, d'après la nomenclature des
espèces de choux, laitues, etc., non cultivés
dans nos départements, à l'exception des jardins des amateurs, et qui sont fixés à cinq ou
six variétés de chaque espèce, qu'il en résulte
nécessairement que, pendant une partie de l'année, on est privé de légumes. Si on voulait des
primeurs, il serait possible de les obtenir, ainsi
que des espèces tardives, et jouir l'année entière
des ressources que nous fournit la nature. Je
citerai les pois et les haricots, qui, par leurs
différentes espèces, peuvent être mangés en vert,

en grain, ou avec leurs cosses tendres et sans filets : en faisant des essais, on peut se procurer ces divers légumes durant presque toute l'année. Les pois à purée sont généralement très-négligés, cependant ce légume est d'une grande ressource à certaines époques, surtout dans les années d'un froid peu ordinaire, comme fut celui que nous avons éprouvé à la fin de 1829 et au commencement de 1830. Les habitants du nord et des pays froids, plus soigneux que nous, ont leurs provisions prêtes, et ne sont jamais au dépourvu.

Il est des jardiniers instruits qui ont voulu semer des laitues étrangères : lorsqu'ils ont porté leurs produits en vente sur les places, ils n'ont pu s'en défaire, parce que les acheteurs ne les connaissaient pas. Quand viendra donc le temps où l'on cultivera avec soin les richesses dont nous sommes redevables à la nature dans ses inépuisables ressources?

## AOUT.

Il n'est pas permis de voir un seul coin de jardin vide dans ce mois, non plus que dans ceux de juin et de juillet. Les concombres et les cornichons veulent de nombreux bassinages quand il ne pleut pas, et les choux-fleurs, les

cardons, le céleri, exigent de copieux arrosements, quand même il pleuvrait un peu.

Outre les semis et plantations de tout ce qui
doit être consommé dans l'année, il faut aussi
s'occuper de ce qui peut passer l'hiver, et donner son produit l'année suivante ; ainsi, on sèmera encore de l'ognon blanc, du porreau,
des salsifis, des scorsonères, de la laitue-pas-
sion pommée rouge, que l'on replante en pleine
terre; les épinards, cerfeuil, navets; des carottes pour le printemps. Le jardinier devra
étudier soigneusement son terrain et sa localité,
afin d'en connaître les avantages et les inconvénients : il y a, en effet, des terrains et des
sites où il faut faire les semis d'automne quinze
jours plus tôt ou plus tard que dans d'autres. A
l'appui de ce que j'avance, je citerai nos montagnes, qui se trouvent à un rayon de seize à
vingt lieues d'ici : les jardiniers y sèment les
choux d'York hâtifs un mois plus tôt qu'à Toulouse, leurs plants y restent trois ou quatre mois
couverts de neige, et le terrain leur est si favorable, que le chou d'York, fort petit parmi nous,
devient dans nos montagnes beaucoup plus fort
que nos choux-cabus d'été.

A la suite de nos étés brûlants, les petits
pois, ainsi que les haricots verts, ont souvent
fourni abondamment jusqu'à la fin de novembre.

Il faut lier la chicorée et la scarole, butter le céleri, souvent et médiocrement à la fois. Dès le commencement du mois, on sème aussi les choux pommés hâtifs, cœur-de-bœuf femelle, cabalan, gros-pointu de Strasbourg, pour avoir des primeurs ; le haricot prud'homme : un mange-tout excellent peut fournir jusqu'aux gelées.

## SEPTEMBRE.

On continue, d'une part, à semer et à planter tout ce qui peut être consommé ou recueilli. Tous les semis faits pendant le mois précédent peuvent être continués, ainsi que diverses salades, fournitures, des navets blancs très-hâtifs; du cerfeuil, des épinards, radis jaunes-roses, navets jaunes, choux d'York, pain-de-sucre, cabus (1), cabalan, de Strasbourg (tous les choux étrangers se sèment dans ce mois); le persil, la bette à large côte; les épinards, pour en jouir longtemps : les petits radis roses demi-longs passent assez bien les hivers; la carotte courte hâtive de Liège, la blanche hâtive, la laitue romaine d'hiver.

(1) Nos jardiniers sèment le chou cabus plat d'été tous les mois de l'année, pour obtenir des primeurs : les semis tardifs leur fournissent cette espèce jusqu'aux gelées.

# OCTOBRE.

Pendant ce mois on peut semer les épinards, le cerfeuil, qui pourront donner en mars si l'automne est favorable; mais on sème avec avantage de la laitue crêpe, la laitue gotte et la laitue romaine. On sème à la fin du mois un peu de pois michaux au pied des murs, et à bonne exposition; on repique le jeune chou d'York, les choux pommés semés en août, soit en pépinière, pour n'être mis en place qu'en février et mars, soit même immédiatement pour un climat tempéré. On sème la grosse fève de Narbonne et de Perpignan, celle de Nice hâtive. A la fin du mois, on coupe les tiges d'asperges, on fume, et on laboure la terre; c'est aussi l'époque de couper les montants d'artichaut, de nettoyer les pieds, d'en raccourcir les feuilles extérieures, de donner un labour pour faciliter le buttage que l'on fera le mois prochain. On continue de faire blanchir le céleri, les cardons, la scarole et la chicorée, par les moyens connus.

# NOVEMBRE.

On sème des radis, des laitues, nasitort : l'asperge est semée en automne avec plus de succès qu'au printemps; le gros pois quarantin, normand à purée, à longue cosse; le gros pois nain; les fèves de Narbonne et de Nice, si on n'a pu les semer plus tôt. On met en place les plants de diverses espèces de choux semés en août ou juillet; en les plaçant on a soin de les appuyer au dos de sillons faits à la bêche, pour qu'ils soient à l'abri des vents du nord.

## DÉCEMBRE.

Il y a peu de chose à faire à la pleine terre pendant ce mois, à moins qu'on n'ait des défoncements à exécuter; cependant, si le potager est en terre forte, on peut labourer grossièrement la terre des carrés vides, afin que les gelées la pénètrent, et la rendent plus friable; car elle s'échauffera au printemps, et les semis et les plantations y prospèreront d'autant mieux qu'elle aura été plus divisée.

On sème aux abris des salades, du cresson, de la moutarde blanche, fournitures de salade, de l'ail, avec des radis, les pois verts normands, ceux à longue cosse et michaux, hâtifs, nains à bouquet, nains-verts sans parchemin. Ces cinq espèces doivent être semées par prévision, et peu, au cas de gelées trop fortes. J'observe que le pois en terre ne craint les gelées que lorsque la fane est parvenue à une certaine élévation sur terre.

# L'ÉCOLE

## DU

# JARDIN POTAGER.

## CHAPITRE PREMIER.

### CATALOGUE DES GRAINES POTAGÈRES.

AIL. *Alium sativum*. On plante les caïeux fin janvier, février et mars, en planches, à quatre ou cinq pouces de distance.

AIL d'Espagne, ou ROCAMBOLE. *Scorodoprasum*. Même culture : les bulbilles de la tige et les caïeux servent à multiplier la plante, et sont employés aux mêmes usages que l'ail. Ce dernier n'est pas cultivé.

ARROCHE des Jardins , BONNE-DAME, BELLE-DAME. *Atriplex hortensis*. L'usage de cette

plante est d'adoucir l'acidité et la couleur trop
verte de l'oseille : elle est annuelle. On la sème
en février, tous les quinze jours, pour n'en pas
manquer : tout terrain lui convient.

ARTICHAUT. *Cynara.* Il y en a diverses espèces:
leur culture est assez connue. Ayant de grosses
et longues racines, ils demandent une terre profonde, fraîche, fertile et friable; c'est par œilletons qu'on a coutume de les multiplier vers
janvier, février et mars. Voici le procédé qu'il
faut suivre. Quand les anciens pieds d'artichaut
ont des feuilles hautes d'environ 8 à 12 pouces,
on les déchausse avec la bêche jusqu'à l'origine
de leurs jeunes tiges, pour mettre celles-ci à
découvert. On en trouve ordinairement de cinq
à dix à chaque pied : on fait choix des deux ou
quatre plus belles, pour les conserver, et on
fait éclater toutes les autres le plus près possible de la racine, afin de les enlever avec *talon :*
ce sont ces jeunes tiges qu'on appelle œilletons.
On choisit les plus forts et ceux qui ont un bon
*talon*, d'où doivent sortir de nouvelles racines;
on nettoie et on arase ce talon avec la serpette,
s'il y a des lambeaux, et on raccourcit les
feuilles à la hauteur de 6 pouces. Il faut faire
cette opération de suite, et ne pas les laisser
faner.

L'artichaut de Laon donne des produits en

général très-supérieurs à ceux des variétés méridionales : sa graine se sème en février et mars.

ASPERGE. *Asparagus officinalis* du midi de la France. On multiplie l'asperge de deux manières, ou par le semis en place, ou bien au moyen de plants élevés en pépinière : cette dernière méthode est la plus usitée. Cette opération se fait en octobre ou novembre. Après avoir préparé la terre à recevoir les pattes, on fait les carreaux à volonté ; on tire de la longueur des fosses trois lignes à égale distance, sur lesquelles on marque, à environ quinze à dix-huit pouces l'une de l'autre, les places des racines par de très-petits monticules de terreau ; on étend à la main les racines sur le monticule, en inclinant leurs extrémités, et l'on couvre aussitôt le tout de deux pouces de terre. Au moyen de ces distances, il sera facile de biner et arroser d'autres plantes qu'on peut cultiver sur le talus : des plantes basses suffisent. La graine d'asperges de Hollande verte, et grosse violette d'Ulm, sont les meilleures : on sème la graine en mars pour semis.

BETTERAVE. *Beta vulgaris.* La rouge noire et la jaune de Castelnaudary sont les plus estimées dans notre pays ; la *jaune*, à *chair blanche*, une des meilleures pour l'extraction

du sucre, se cultive comme les autres betteraves : elle offre au cultivateur une ressource
de spéculation et de revenu. On la cultive en
grand dans le nord : son produit en sucre est
livré à la consommation ; il faut espérer que
cette culture s'étendra dans nos départements
du midi, dont le sol est très-propice pour la
réussite de cette plante.

Après avoir bien ameubli la terre par de
bons labours, on sème en rayons sur la fin de
mars et d'avril : il faut éclaircir de manière à
ce que les plants restent éloignés les uns des
autres d'un pied à dix-huit pouces : suivant la
qualité du sol, on est forcé de donner de l'engrais ; on est obligé de n'employer que des fumiers consommés.

BASILIC. *Ocymum Basilicum. Fin* ou *à large
feuille*, semer en mars sur couche ; en pleine
terre en avril.

CAROTTE. *Daucus Carota.* Il y en a un grand
nombre de cultivées ; je désignerai les meilleures espèces : la carotte *rouge longue* de Toulouse, cultivée en grand, est une très-bonne
espèce ; la *rouge de Hollande longue*, la *courte
hâtive* (cette espèce est très-précieuse pour le
*terre-fort*, où la longue ne peut pivoter, la terre
n'étant pas douce : la courte peut la remplacer avec avantage ; la *rouge*, la *blanche*, déli-

cate au goût, hâtive (carotte blanche à colet
vert hors terre, très-grosse : la semer claire,
chaque graine à 5, 7 et 8 pouces de distance,
nouvelle espèce) : les deux dernières peuvent
être semées en septembre, octobre et février,
pour les avoir de bonne heure, et remplacer
celles qui, semées en juin, commencent à se
boiser. La carotte se sème depuis février jusqu'à
la fin de juin, et peut être reprise en septembre ; les premiers semis, faits de quinze jours
l'un, fournissent pour le printemps et l'été;
les derniers de juin servent pour l'hiver jusqu'à
la végétation : cette racine demande un terrain
profond, doux, sablonneux, bien amendé avant
l'automne : il faut semer clair, ou bien les éclaircir de manière que celles qu'on garde pour
l'hiver soient à la distance de 5 à 6 pouces (1).
Cet éclaircissement se fait successivement, et

(1) La carotte est le plus souvent dévorée en naissant par l'araignée, non point celle qui file sur les arbres, mais celle qui rampe
sur la terre, qui est toujours en mouvement, et qui attaque plusieurs jeunes semis, particulièrement celui des carottes, dont elle
pique la tigelle pour en pomper les sucs : la plante alors est fanée
et périt. Cette araignée est quelquefois si multipliée, qu'elle détruit
les semis quelque considérables qu'ils soient : il n'est qu'un moyen
de l'en écarter ; comme elle craint l'humidité, on donne chaque jour
un léger arrosement aux plantes, lorsque le temps est chaux et sec,
avec une décoction d'eau de chaux et de suie.

les carottes arrachées s'emploient pour la cuisine.

Quoique je vienne d'indiquer, autant que je le puis, les qualités des diverses carottes, il est cependant vrai de dire que la nature du sol influe sur ce point, autant et plus que la qualité de la graine, si le terrain n'est pas propice à cette plante : le *terrain-fort* empêche la racine de pivoter ; la terre étant trop compacte, elle y perd aussi sa couleur naturelle, et devient d'un jaune pâle.

CÉLERI cultivé. *Apium graveolens. Plein blanc, plein rose :* le *cannelé* se cultive peu ; il y en a diverses espèces : *nain, petit à couper,* dont les feuilles s'emploient comme fournitures de salade ; le céleri *Turc,* ou de *Perse,* le *gros violet de Tours,* remarquable par l'épaisseur de ses côtes, la grosseur de son pied et le volume entier de la plante, qui est plus considérable que dans la plupart des autres, et, enfin, le *céleri-rave,* dont la racine, grosse et en forme de navet, se mange cuite.

Pour avoir des céleris à différentes époques, on en sème depuis janvier jusqu'en juin, dans une planche de terre bien légère, bien amendée, où l'on dispose le céleri en quinconce, dans des rayons éloignés d'environ neuf à dix pouces ; chaque pied, arrosé sur-le-champ pour la reprise, doit être mouillé tous les deux ou trois jours, s'il ne pleut pas; lorsque le pied est assez fort, on le fait blanchir, en le liant de trois liens par un temps sec, et en le garnissant de paille sèche, de manière à ne laisser voir que l'extrémité des feuilles, ou bien, après l'avoir lié, on amoncelle la terre autour du pied jusqu'au premier lien; au bout de huit jours on l'élève jusqu'au deuxième, et, enfin, jusqu'au troisième; huit autres jours après cette opération faite, pour utiliser le terrain, on y plante des laitues, chicorées, etc. Le semis de mai et juin doit se faire clair, et il faut l'éclaircir encore pour être laissé en place sans repiquage, afin de ne pas retarder la croissance : on suit pour celui-ci le même procédé que pour les buttes.

CAPUCINE. *Tropæolum*. La *grande* et la *petite* sont cultivées pour parer les salades : les boutons des fleurs à peine formés et les graines prises encore vertes se confisent au vinaigre, et remplacent les câpres ; la grande, qui est rampante, pare les cabinets : on la sème en avril et mai.

CARDON. *Cynara cardunculus*. De *Barbarie;* on préfère le *cardon de Tours*, qui est très-épineux, à celui d'*Espagne*, qui est sans épines, parce que ce dernier joint au désavantage

d'être plus sujet à monter celui d'avoir les
côtes moins épaisses et moins tendres : l'un et
l'autre se sèment dès février, en pots, et à l'a-
bri, si l'on veut avoir des cardons de primeur,
bons à manger en juin ; mais il en monte toujours une partie : pour les avoir en hiver, on
ne les sème qu'en mai et juin, dans des trous
garnis de fumier consommé, espacés d'environ
trois pieds en tout sens, où l'on place deux à
trois graines ensemble, pour ne laisser qu'un
seul pied. Ces plantes doivent être conduites
comme les artichauts, mais plus arrosées et
tenues plus chaudement, car elles sont plus délicates; il faut les blanchir lorsqu'elles sont de-
venues assez fortes : on les butte avec de la
terre, qu'on amoncelle au pied; on rapproche
les feuilles, souvent longues de cinq pieds; on
les retient avec de l'osier, ou mieux encore avec
de la paille; ainsi serré pendant trois semaines, le
cardon alors aura blanchi, et ses côtes se seront
attendries : laissé plus long-temps il pourrirait.

CERFEUIL. *Scandix cerefolium.* Indigène et
annuel. On le sème à toutes les époques, de mars
jusqu'en septembre, avec la différence qu'on le
sème en rayons au pied d'un mur en mars, au
nord et à l'ombre pendant l'été, et à toute exposition dans les autres temps. *Cerfeuil frisé,*
très-jolie variété : même culture.

CHENILLETTE. *Scorpiurus*. Petite plante annuelle, indigène, dont les fruits hérissés, écailleux, sillonnés, imitent, ou des chenilles, ou des vers, ou des limaçons; on les met quelquefois par une sorte d'espièglerie dans les fournitures de salade, pour surprendre les personnes qui ne les connaissent pas. On les sème au printemps dans une terre ordinaire.

CHERVIS, Cherui, Chirouis et Girolles. *Sium sisarum*. Racines charnues et très-sucrées, qui se mangent comme les scorsonères. On peut les multiplier par pieds éclatés; mais les semis de l'année sont plus tendres et meilleurs : semer au printemps ou en septembre, en terre douce, fraîche et profonde, et arroser souvent.

CHICORÉE sauvage. *Cichorium intybus*. Indigène et vivace. On en sème toute l'année, et tous les quinze jours; les jeunes feuilles sont employées en salade.

Chicorée blanche ou frisée. *Cichorium endivia, Chicorée d'été*, ou *d'Italie :* celle de *Meaux, frisée*, se sème en mars; elle est excellente pour les premières saisons, et même fréquemment employée pour l'automne. Il y en a diverses espèces.

La Scarole, la *grande*, la *ronde*, plus prompte à se faire, et qui a le cœur très-fourni et presque pommé. Les semis de chicorée commencent en pleine terre en avril, juillet, août et septembre : la culture en est facile, et généralement connue.

CHOU. *Brassica oleracea.* Bisannuel et indigène.

On en distingue plusieurs races principales; savoir : les *choux cabus* ou *pommés*, feuilles lisses, et ordinairement glauques; les *choux de Milan*, pommés, à feuilles cloquées, et d'un vert plus ou moins foncé; les *choux verts* ou *sans tête*, qui peuvent durer trois ans; ceux à racine ou tige charnue; enfin, les *choux-fleurs* et les *brocolis*.

1. CHOU POMMÉ OU CABUS. Ses sous-variétés principales, suivant l'ordre de leur précocité, sont :

CHOU D'YORK. Pomme petite, allongée, très-précoce et très-estimée. Il y a quelques sous-variétés, telles que le *chou-cabage*, ou *superfin hâtif*, encore plus petit et plus précoce de quelques jours; le *chou nain hâtif*, plus bas de tige, et à pomme un peu plus courte, aussi précoce que le précédent; le *gros chou d'York*, dont la tête acquiert plus de volume, et se forme un peu plus vite.

CHOU HATIF EN PAIN DE SUCRE. Feuilles d'un vert un peu blond, capuchonnées, pomme allongée, et quelquefois en cône renversé, tendre et très-bonne.

CHOU CŒUR-DE-BŒUF. Trois sous-variétés : le *petit*, le *moyen* et le *gros*. Le *petit* forme sa pomme presque aussitôt que le *chou d'York ;* le *gros* chou est assez voisin du *gros chou cabus blanc*. Ils sont bons, et fort cultivés.

GROS CHOU CABUS BLANC, ou CHOU POMMÉ PLAT D'ÉTÉ. Est très-cultivé dans nos contrées ; on le sème en septembre pour avoir des primeurs. Nos jardiniers en sèment toute l'année. Il faut commencer les semis fin janvier jusqu'en juin, en les répétant souvent : cette précaution est nécessaire à un bon jardinier ; celui-ci offre le plus grand nombre de variétés ; voici les meilleures et les plus généralement connues : *chou de Saint-Denis*, ou *chou blanc de Bonneuil*, pied très-court, feuille très-glauque, pomme grosse, ordinairement aplatie, quelquefois ronde ; *chou cabus d'Alsace*, deuxième saison, pied un peu élevé, feuilles détachées, arrondies, quelquefois plates : c'est un des plus prompts à former sa tête parmi les gros choux pommés ; *gros chou d'Allemagne*, *d'Alsace*, ou *chou-quintal*, tige courte, très-grosse, feuille large, un peu festonnée, d'un vert plus clair que dans les espèces précédentes, pomme énorme dans les terrains riches et frais ; *chou de Hollande à pied court*, de moyenne grosseur, hâtif, que l'on place parmi les choux cabus : il peut occuper la même place qu'on donne aux laitues ; *gros chou cabus de Hollande*, ou *chou-cauve, chou trapu de Brunswick*, à tige extrêmement courte, pomme de moyenne grosseur, serrée, aplatie, à feuilles rondes, courtes, peu nombreuses.

CHOU D'ALETH POMMÉ, POINTU, TRÈS-HATIF. On le sème en septembre et octobre; il est plus hâtif que le *chou cabus d'été*, il est également semé avec avantage fin janvier et février : il peut remplacer à cette époque les plants du *chou cabus d'été* qui auraient péri par un hiver rigoureux.

CHOU POMMÉ ROUGE. On en distingue deux races principales, le *gros* et le *petit*, dit *chou noirâtre d'Utrecht* : l'un et l'autre sont très-estimés; plusieurs personnes les mangent en salade; leur pomme, coupée en petites lanières, et confite au vinaigre, est excellente à la manière des cornichons.

Le *chou rouge* est regardé comme très-pectoral, et fréquemment employé comme tel en médecine.

Tous les gros choux cabus servent à faire la *chou-croûte* (saüer kraut), lorsque leurs pommes sont pleines et serrées.

On sème le *chou cabus* à plusieurs époques : 1° de la mi-août, et tout septembre (les *choux d'York* et autres *petits hâtifs*, juin et juillet); ces derniers sont replantés en place en octobre; les grosses espèces peuvent l'être dans le même temps, ou bien repiquées en pépinière, en proportion de leur force, pour être plantées à demeure en février et mars, à la distance de 15 pouces pour les petites, 18 pouces à 2 pieds les moyennes, 2 pieds et demi à 3 pieds pour les grosses.

Semez comme dessus les *choux d'York* et *cabages* en terrain hâtif; ils viennent en pomme vers le commencement d'avril jusqu'en mai, et les autres successivement jusqu'en août; 2° en février, au pied d'un mur au midi; 3° fin du même mois et commencement de mars, sur plate-bande bien terreautée; 4° courant de mars, en pleine terre bien préparée : les plants provenant de ces semis sont mis en place fin de mars et courant d'avril; leur produit succède à celui des semis d'automne, et se prolonge jusqu'en novembre et décembre. On pourrait, à la rigueur, semer les grosses espèces en avril, et les petites presque toute l'année; mais il est encore avantageux de cultiver les *choux milans*, parce qu'ils sont préférables pour les semis tardifs du printemps.

Les choux en général, et particulièrement les gros *choux pommés*, demandent une bonne terre, un peu consistante, et bien fumée; lorsqu'elle est naturellement fraîche, ils en deviennent plus beaux et plus gros : pour les semis, la terre doit être plutôt légère que forte, bien ameublée, un peu ombragée, ce qui surtout est essentiel pour les semis de printemps et d'été (1). Il faut, si le temps est sec, les bassiner régulièrement, les visiter pour détruire les insectes qui pourraient les attaquer, et particulièrement le tiquet, ou puce de terre, qui leur est quelquefois très-nuisible. Le meilleur moyen d'écarter ces insectes est de semer le matin, à la rosée, de la cendre sur le jeune plant : lorsqu'on replante, on visite le pied au point de départ des racines, et si on y aperçoit une tumeur, on en coupe la moitié, on détruit le ver qui l'occasionne, et qui arrêterait le développement de la plante; on arrose chaque pied au moment de la plantation, et il faut ensuite continuer ces arrosements autant que la saison l'exige.

CHOU CABALAN GROS POMMÉ POINTU. Nouvelle espèce cultivée avec avantage. Comme il n'était pas connu il y a deux ans en septembre, je donnai de la graine à quelques jardiniers, et en juin je reçus de l'un d'eux des choux pesant dix-

(1) C'est pour atteindre ce but que je recommande les banquettes pour l'hiver et l'été.

huit livres; j'en reçus aussi d'un autre jardinier de Merville, qui furent très-beaux, puisqu'ils pesèrent vingt-cinq livres chacun : ils ont également réussi chez divers jardiniers. Depuis cette époque la graine a été très-recherchée, et au moment où je me propose de livrer mon opuscule à la réimpression j'apprends de toutes parts son heureuse réussite. La qualité en est bonne, sa pomme est en forme de pain de sucre, très-ferme; les feuilles, pressées les unes sur les autres, empêchent les chenilles et les limaces de s'y loger; les feuilles latérales sont d'une étendue énorme, ce qui fait qu'il faut recommander de planter ce chou à la distance du double de celle des *choux cabus*. A une planche de grandeur ordinaire il ne faut y en planter que deux, vu leur grande forme et le volume de leurs feuilles.

D'après l'expérience, il faut faire le semis du *chou cabalan* en août et septembre, même en octobre; si les premiers semis ont manqué, on peut aussi les semer en janvier : il lui faut un bon terrain bien amendé et fumé avec soin.

Le *chou cabalan* est d'autant plus précieux pour les campagnes, qu'il vient presque sans soin, il n'y a que les semis faits sur les banquettes qui exigent des arrosages dans les mois de juillet, août et septembre, pour pousser le plant ; une fois qu'il est planté, fin octobre et novembre, il n'exige plus aucun soin ; il résiste à l'hiver le plus rigoureux : il faut sarcler et biner en temps utile. Ceux qui ont été cultivés près de Toulouse n'ont reçu que l'arrosage de la transplantation, qui est indispensable si le temps est sec. Aujourd'hui le *chou cabalan* est connu et cultivé généralement.

Cette espèce fournit une variété qu'on nomme *bâtard* : on le distingue facilement au moment d'être planté par ses feuilles jaunes ; on les met de côté, et on les jette au fumier : leur qualité est si mauvaise, qu'il faut éviter de les cultiver ; aussi je m'empresse d'en prévenir tous ceux qui se livreront à sa culture. Cet inconvénient est général à toutes les plantes ; le seul avantage qu'a celui-ci, c'est que le mauvais plant est jaune, facile à reconnaître ; tandis que, pour les autres choux, il est impossible au jardinier le plus expérimenté de faire le choix du bon d'avec le mauvais plant.

2. Chou de Milan, ou pommé frisé. Ses têtes sont moins serrées, et ordinairement plus tendres, et moins sujettes au goût du musc : cela dépend souvent du sol.

Les principales variétés sont le *milan très-hâtif d'Ulm*, à tige un peu haute, très-prompt à pommer, peu gros, excellent ; le *milan court,* ou *nain*, extrêmement trapu, d'un vert très-foncé, assez hâtif à pommer, tendre et très-bon; le *pancalier de Touraine*, bas de pied, et d'un vert très-foncé, comme le précédent, mais à côtes plus fortes; le *milan ordinaire*, ou *gros chou milan*, plus fort de pomme que tous les précédents; le *milan tête-longue*, dont la pomme est pointue, peu grosse, mais tendre et excellente; le *milan doré*, dont la couleur, d'un vert un peu blond, devient tout-à-fait jaune en hiver: il a une pomme peu serrée et fort tendre.

MILAN-DES-VERTUS, ou GROS CHOU POMMÉ FRISÉ D'ALLEMAGNE. Il a la tête aussi grosse que celle des gros choux cabus, dont il se rapproche un peu par sa manière de pommer, et parce qu'il est moins cloqué, et quelquefois glauque : il lui faut un bon terrain. C'est une variété précieuse pour la grande culture; il est plus rustique, et se conserve plus longtemps en hiver, ainsi que le *pancalier* et le *milan ordinaire*.

CHOU DE BRUXELLES A JETS, CHOU ROSETTE, à tige haute de deux à trois pieds, produisant à l'aisselle des feuilles de petites pommes frisées, tendres et fort estimées, que l'on cueille à mesure qu'elles grossissent; on finit par la tête.

Le *chou milan* pourrait être semé, comme le *chou cabus*, en août et septembre; mais l'usage le plus ordinaire est de le semer au printemps, depuis la fin du mois d'avril jusqu'en juillet, à l'exception du *milan des vertus*, qui ne doit pas être semé plus tard qu'en mai. La distance pour les *petits* et *moyens milans* est de dix-huit pouces à deux pieds, et deux pieds et demi à trois pieds pour les *gros*.

Les premiers semés des variétés hâtives viennent en avril et mai, et les derniers pomment au commencement de l'hiver, et se conservent jusqu'en avril : la gelée les attendrit sans les détruire, à moins qu'elle ne soit extraordinaire.

CHOU DE RUSSIE. Le chou de Russie a les feuilles découpées jusqu'à la côte en lanières étroites et irrégulières, mais qui conservent la raideur particulière aux feuilles du chou de Milan, ce qui contraste avec l'élégance des découpures. Au sommet de la tige, haute d'environ un pied, les feuilles se réunissent en une pomme arrondie de moyenne grosseur, très-tendre, et d'excellente qualité. Ce chou, semé en avril, mai et juin, comme les *milans*, est traité de même qu'eux.

CHOU-FLORI est semé en juin et juillet; CHOU FEMELLE, en août et septembre : ces espèces sont très-cultivées. Même culture que les *milans*.

3. CHOUX VERTS, ou NON POMMÉS. On réunit sous cette dénomination plusieurs variétés qui ne forment point de pomme, et dont les unes

sont vertes, les autres rougeâtres, violettes, panachées, etc. Ces choux résistent plus au froid que ceux des autres divisions, et la plupart ne sont bien bons à manger que lorsque la gelée a attendri leurs feuilles. On mange également au printemps leurs pousses nouvelles avant le développement des fleurs : on ne les coupe pas comme les autres quand on veut s'en servir ; mais on en hache les feuilles à mesure qu'on en a besoin.

Les variétés principales sont le *chou cavalier, grand chou à vache, chou en arbre*, qui s'élève jusqu'à six pieds et plus sur une seule tige ; ses feuilles sont grandes et unies, très-bonnes à manger, et très-employées à la nourriture des bestiaux.

CHOU MOELLIER, sous-variété du précédent, dont la tige augmente en grosseur depuis le milieu jusqu'en haut.

CHOU CAULET DE FLANDRE, qui ne diffère du chou cavalier que par sa couleur rouge.

CHOU VERT BRANCHU DU POITOU, moins élevé que le cavalier, mais formant une touffe considérable et très-productive.

CHOU VIVACE DE DAUBENTON, distingué du précédent par ses ramifications inférieures, qui s'allongent et s'inclinent jusqu'à terre, où elles s'enracinent quelquefois naturellement.

CHOU GRAND FRISÉ VERT DU NORD, CHOU FRANGÉ, ou FRISÉ D'ECOSSE, et le GRAND FRISÉ ROUGE. Ils résistent mieux au froid que les autres, et font, en outre, des plantes d'ornement par leur port et la découpure élégante de leurs feuilles; il en est de même de la variété *panachée*.

Ces choux, très-utiles pour la nourriture des bestiaux, sont d'une culture facile : on pourrait les semer pendant tout le printemps, l'été et l'automne; mais on le fait plus ordinairement en avril, mai et juin, pour obtenir le produit en hiver et à l'entrée du printemps, et en juillet et août pour leur produit d'été. Distance de deux pieds et demi à trois pieds pour les cinq premières variétés, et deux pieds pour les autres.

4. CHOUX A RACINE, OU TIGE CHARNUE.

CHOU-RAVE DE SIAM. On le distingue par sa tige renflée au-dessus de terre, et qui forme une boule, sur le sommet et les côtés de laquelle les feuilles sont implantées. Le *chou-rave* à moitié grosseur est un bon légume, quand on l'a beaucoup arrosé; il participe du chou et du navet pour le goût. Il a trois variétés : le *blanc,* le *violet,* et le *nain hâtif;* ce dernier a ses feuilles petites, peu nombreuses; sa boule se forme très-vite : on le sème en mai, juin; et le *nain hâtif* jusqu'en juillet. Les choux-raves résistent à des gelées assez fortes. *Chou-navet*, *chou-tur-*

neps, *chou de Laponie, chou-navet ordinaire,
chou-navet hâtif,* plus prompt à se faire et plus
tendre que le précédent, *chou-navet à collet rouge.*
Ils résistent aux plus grands froids : même culture que le *chou-rave.*

CHOU RUTABAGA. *Navet de Suède,* jaunâtre ,
méritant la préférence comme légume : le semer depuis mai jusqu'en juillet.

5. CHOU-FLEUR. *Brassica botrytis.* On en distingue trois variétés principales : le *tendre,* le
*demi-dur,* le *dur.* Ces variétés n'offrent pas de
caractère extérieur bien déterminé qui les distingue nettement l'une de l'autre ; mais elles
diffèrent assez sensiblement par leurs qualités.
La graine du chou-fleur doit être semée sur les
banquettes pour la mettre à l'abri des insectes ;
on le sème depuis le 15 mai et fin juin. Depuis
deux ans nous sommes privés de choux-fleurs ;
les deux étés qui viennent de s'écouler ont été
si pluvieux, et en même temps si froids, que le
chou-fleur n'a pu pommer ; il n'a fait que monter : il lui faut la chaleur ordinaire de nos étés,
pour qu'il puisse former sa pomme. A leur cinquième feuille il faut les mettre en pépinière ;
lorsque le plant a un pied de haut, on le met
en place, en observant de les planter assez avant
dans la terre ; car on les manque souvent en
ne prenant pas cette précaution, parce qu'ils

3

sont de nature à mettre beaucoup de jambe : voilà pourquoi on ne doit laisser sortir que les feuilles. Il faut faire des trous d'un pied carré, mettre au fond un lit de fumier de cheval bien consommé, et par-dessus une couche de bonne terre : on plante un chou dans chaque trou, et on garnit le dessus d'un peu de fumier court. Dans les pays où les choux-fleurs viennent très-gros, on prend la précaution de laisser de la terre autour, afin de les rechausser; il faut faire plusieurs semailles : si la première ne réussit pas, comme il arrive souvent, celles qui ont succédé les remplacent. Il faut traiter de la même manière le *brocoli blanc*.

CHOU-BROCOLI BLANC. *Brassica botrytis cymosa.* Il ressemble au chou-fleur, dont il ne diffère que par ses feuilles ondulées, par ses dimensions, en tout plus grandes, et par sa couleur. Les variétés les plus cultivées sont le *blanc* et le *violet;* on le sème plus tard que le chou-fleur, fin juin et tout juillet.

CIBOULE. *Allium fissile.* On la sème en deux saisons, dans une terre légère et substantielle : en février, pour replanter en avril, deux plants ensemble, et du 15 à la fin de septembre, pour en avoir toute l'année.

CIBOULETTE, CIVETTE; APPÉTIT. *Allium schœnoprasum.* Indigène, se multiplie par ses caïeux, que l'on sépare en février pour les mettre en planche, et plus ordinairement en bordure; elle aime une bonne terre, une exposition chaude : étant délicate, il lui faut un terrain neuf.

CORNICHON de Russie, fort petit, presque rond et venant par bouquet; le plus hâtif de tous, puisqu'il est bon trois semaines au moins avant les cornichons ordinaires : il faut cueillir son fruit dès sa naissance, sans quoi il devient jaune.

Le cornichon d'Angleterre, plus fort, allongé, et d'une excellente qualité, abonde beaucoup. Dès les mois d'avril et mai on sème tous les cornichons.

CONCOMBRE. *Cucumis sativus.* Plante des climats chauds : le concombre *blanc long*, le *vert petit* à confire, appelé *cornichon vert.* Tous les concombres aiment la chaleur et l'eau.

CONCOMBRE SERPENT. *Cucumis fluxuosus.* Fruit très-curieux : il doit son surnom à sa forme allongée et flexueuse. On en fait des cornichons.

On sème le concombre, dans des trous remplis de fumier, en avril; les cornichons verts en avril et mai.

COURGE. *Cucurbita. Courge melonne,* à chair foncée; *courge melonne longue verte.*

GROS POTIRONS. On cultive plusieurs espèces

de ce genre, et un grand nombre de variétés :
leur culture est connue.

COURGE-COUGOURDE. *Poire à poudre, trom-
pette, etc.* Plusieurs variétés : elle donne des
fruits qu'on garde pour la singularité de leurs
formes, et que, mal à propos, on nomme colo-
quintes. Dès le mois d'avril ou mai on les sème
comme les cornichons.

CRESSON ALÉNOIS, et autres. On les sème en
tout temps. Celui de fontaine peut être semé au
bord des eaux courantes : on y plante quelques
racines. Cresson de Para.

ÉCHALOTE. *Allium Ascalonicum.* Les bulbes
se replantent en février et mars, en planches
ou bordures.

ÉPINARD. *Spinacia oleracea.* On en connaît
deux espèces principales, *à feuille ronde* ou
*longue.* Pour en jouir l'hiver, il faut en semer
la graine, depuis juillet jusqu'en octobre, en
planches ou en bordures. Epinard d'Angleterre
*à longues feuilles ;* rond de Flandre, *à très-larges feuilles ;* de Hollande, de la Nouvelle-Zé-
lande. La graine reste longtemps sans germer.
Repiquer à 25 pouces de distance, laisser courir
la plante sur terre, prendre les grandes feuilles, les couper en tirant vers la terre, pour ne
pas ébranler la racine, lui donner de fréquents
arrosements.

ESTRAGON. *Artemisia dracunculus*. Plante vivace, aromatique, que l'on multiplie par l'éclat des pieds en mars et avril.

FÈVE DE NARBONNE, grosse, plate, appelée *fève de Marais :* on la sème à la fin d'octobre.

FÈVE DE NICE, petite, à longue cosse, hâtive, bonne en vert et pour ragoût; il y a aussi une fève de *Windsor* très-grosse : la petite fève naine est très-bonne, fort douce et produit abondamment. L'année 1834 a eu la récolte de ce légume nulle : j'ai observé que la petite fève naine a seule résisté à la sècheresse et au brouillard; son produit est de cinquante pour un, on en nourrit les chevaux avec avantage : elle mérite d'être cultivée.

Je dois observer, relativement à toutes les espèces de fèves, qu'elles conservent leur germe de fructification pendant longues années.

Bien plus, les fèves de deux, trois et quatre années résistent plus au froid, sont plus robustes, chargent davantage, et ne fournissent pas de branches ou rameaux inutiles à la fructification.

J'insiste sur ce point, afin de combattre autant qu'il est en moi un préjugé si fortement invétéré, que beaucoup de personnes ne veulent semer que des fèves de l'année; et je suis obligée de n'en tenir dans mon magasin que des nouvelles, sous peine de ne pas les vendre.

J'observerai encore que les fèves et plusieurs légumes doivent être semés au plantoir; alors la terre est moins soulevée, moins mouvante, et les rats de terre et les mulots ont moins de facilité en hiver pour dévorer les graines et dévaster les semis.

FRAISIER. *Fragaria.* Se multiplie par graines, par coulants et par éclats enracinés. Il y en a six variétés : leur culture est connue.

HARICOTS A RAMES. *De Soissons.* Graine blanche, plate, grosse. Ce haricot en sec est très-estimé. Peu cultivé dans nos départements, il est recherché ailleurs ; il acquiert une finesse de goût qui le rend supérieur aux autres espèces.

HARICOT-SABRE. Graine blanche, aplatie, de moyenne grosseur. Cette espèce est, peut-être, la meilleure de toutes : elle produit considérablement; ses cosses sont d'une longueur et d'une largeur extraordinaires : jeunes, elles font d'excellents haricots verts; parvenues à presque toute leur grosseur, elles sont encore tendres et charnues, et peuvent être consommées en cet état, soit fraîches et cassées par morceaux, soit en hiver après avoir été cou-

pées en lanières et confites au sel. Il monte
très-haut, et il lui faut de grandes et de fortes
rames.

PRÉDOME, PRUDHOMME, PRODOMMET. Graine
blanche, ronde, petite ; c'est un mange-tout
par excellence ; sa cosse est absolument sans
parchemin, et encore bonne quand elle est
presque sèche ; le grain en est sec et d'une qualité estimée : on le sème pour le manger en
vert, en avril, mai, juin, juillet, pour l'arrière-saison.

Celui de *Lima,* à rame très-haute, pourrait
devenir précieux.

Le *Haricot suisse.* Il y en a un grand nombre d'espèces. La culture des haricots est généralement trop connue pour entrer dans de
longs détails : une terre douce, légère, et
un peu fraîche, est celle qui lui convient le
mieux.

Le haricot sans parchemin est très-cultivé
dans ce pays ; nous en possédons une espèce
qui n'est pas de bonne qualité ; j'engage les
amateurs à introduire le véritable prudhomme, qui sera une excellente acquisition
pour le pays.

DOLIQUE. *Dolichos.* A la suite des haricots,
je dois parler d'un genre voisin, celui des
doliques, qui fournit, dans les pays chauds

surtout, plusieurs espèces et variétés cultivées pour la nourriture de l'homme.

*Dolichos unguiculatus*, nommé en Provence *Mongette* et *Bannette :* il est estimé, et d'un bon produit; mais il vient difficilement à maturité. Celui d'*Egypte* ou *Lablab*, qui se cultive en Egypte, n'est pas moins difficile : c'est principalement comme plante d'ornement qu'il est admis dans nos jardins. Enfin, il en est une troisième espèce nommée *dolique à longue gousse, haricot-asperge, sesquipedalis,* que la longueur extraordinaire de ses cosses étroites, charnues, et bonnes en vert, fait admettre dans les jardins d'amateurs.

LAITUE. *Lactuca.* Deux espèces ont donné naissance à deux divisions : les *laitues pommées* et les *laitues romaines;* la première se distingue par sa forme arrondie, et l'autre par sa forme plus allongée : le cœur de la seconde se développe plus aisément, elle a aussi une saveur beaucoup plus douce. J'indiquerai les variétés les plus estimées, en me bornant à un nombre beaucoup moindre que celui qui existe, car il est peu de plantes qui aient autant varié que la laitue.

LAITUES POMMÉES DE PRINTEMPS.

LAITUE-GOTTE. Petite, fort blonde, deux sous-variétés *à graine noire,* lente à monter, et, même en été, ne monte que très-difficilement. — *A bord rouge*, ou *cordon rouge*. — *Dauphine*.

## LAITUES POMMÉES D'ÉTÉ.

LAITUE *de Versailles*. Pomme grosse, un peu haute, excellente pour l'été, assez prompte à pommer; elle monte difficilement : graine blanche. — *Blonde à graine noire*. — La *blonde de Berlin*. — La *royale à graine noire*. — *Batavia blonde*, ou *Silésie*, extrêmement grosse. — *Turque*. — *De Gênes*. — *Grosse brune paresseuse*. — *Palatine*. — *Sanguine* ou *flagellée*. Toutes ces laitues d'été doivent être semées depuis la mi-juin et commencement de juillet : faire divers semis, de quatre à cinq jours d'intervalle, ce sont des prévisions qui amènent de bons résultats pour la réussite des produits.

## LAITUES D'HIVER.

LAITUE PASSION, OU DE LA PASSION, ainsi nommée parce qu'elle pomme vers la Semaine-Sainte : graine blanche. — *Morine :* aussi grosse en pomme; elle tient plus longtemps. — *Petite crêpe*. — *Noire pommée*.

LAITUE A COUPER. On préfère ordinairement pour cet usage de petites espèces, telles que les *crêpes*, la *gotte*, la *laitue-chicorée*, dont les feuilles crêpues imitent une petite chicorée jaune; *laitue-épinard*, découpée à peu près comme la feuille de chêne. Cette dernière repousse, et peut être coupée plusieurs fois.

Les laitues du printemps se sèment en février, à l'abri, et se replantent en avril, ou bien on les sème en place en février et mars, parmi l'ognon et les carottes, etc. — *Lombardes* à graine noire.

Celles d'été se sèment à la même époque, pour que leur produit succède à celui des hâtives, depuis mars jusqu'en juillet.

Les laitues d'hiver se sèment en août jusqu'à la fin de septembre, même en octobre : il est bon d'en faire divers semis, à quelques distances; on les repique le long des murs et des abris.

Laitues romaines, ou Chicons. *Verte hâtive.* — *Verte maraîchère, grise.* — *Verte d'hiver.* — *Grosse grise.* — *Rouge pommée.* — *Lombarde à graine blanche.*

La culture des laitues pommées convient en tout point aux romaines. On sait que celles-ci ont besoin d'être liées, pour que leur tête s'emplisse mieux.

MACHE, Boursette, Doucette, Blanchette. *Valeriana locusta.* Plante annuelle. On en sème tous les huit jours, à commencer fin d'août jusqu'en octobre. Comme les mâches s'emploient entières, et seulement dans leur jeunesse, en cueillant les plus avancées pour la consom- mation, le plant se trouve suffisamment éclairci. Cultivée dans nos jardins, cette espèce est plus belle que celle des champs.

MELON. *Cucumis melo.* Il y en a un très- grand nombre de variétés. On peut les ré- duire à trois races principales : les *communs* ou *brodés*, les *cantaloups*, les *melons à écorce unie.*

MELON MARAÎCHER. — *Sucrin de Tours.* — *Su- crin à petites graines.* — *Des Carmes :* deux va- riétés; l'une moyenne, l'autre petite, bien su- crée. — *Sucrin à chair blanche.* — *Ananas à chair verte.* — *De Honfleur :* très-gros, allongé, côtes larges. — *Coulommiers :* très-gros.

CANTALOUP ORANGE. Petit, rond, à côtes. — — *Fin hâtif.* — *Noir des Carmes.* — *Gros can- taloup noir de Hollande.* — Le *gros Portugal.* Tous très-bons, mais que les bornes de ce petit livre ne me permettent pas de décrire, attendu qu'on en cultive peu de ces espèces, mais bien le melon de *Saint-Nicolas-de-la-Grave*, que l'on porte en très-grande quantité sur nos places : ils sont rarement bons. Le *melon romain.* — *De Ca- vaillon.* Ce sont deux bonnes espèces qui réus- sissent parfaitement. Je vais indiquer encore quelques variétés, espérant qu'on fera un choix des meilleures espèces, et qu'à l'avenir on les cultivera.

MELON DE MALTE, *à chair blanche.* — De *Malte, à chair rouge.* — Du *Pérou.* — De *Morée.* — De *Candie.* — De *Malte d'hiver.* — De *Perse*, ou d'*Odessa.* Vert rayé de jaune, très-allongé; chair verte, fondante : d'hiver comme le précédent.

*Culture.* Si on veut des primeurs, il faut semer au mois de mars. L'usage, pour notre climat, est de semer en avril dans les trous en place : il arrive quelquefois que les plants ne réussissent pas, soit à cause des pluies, soit parce qu'ils sont dévorés par les insectes : on sème encore au commencement de mai sur couche en place; c'est-à-dire, et pour m'expliquer plus clairement, on fait un trou d'un pied, dans lequel on met six pouces de fumier, qu'on recouvre de six pouces de terreau ; et après, on y sème les graines de melon. Lorsque le fruit est noué, on taille les branches principales, anxquelles on laisse de la longueur à raison de leur vigueur, en allongeant plus les fortes que les faibles; quatre ou cinq jours après cette taille, on supprime les branches secondaires nuisibles : s'il y a plus d'un fruit sur une branche, on les retranche, en conservant le mieux fait; s'il n'y en avait qu'un, et qu'arrondi d'un côté il ne le fût pas de l'autre, on passerait légèrement le tranchant de la serpette sur le côté qui ne l'est pas. Quelque temps après on pince l'extrémité des branches à fruit, et on supprime encore les branches inutiles.

Si l'on mange à Toulouse quelques bons melons, on les porte du Bas-Languedoc.

Melon d'eau, Citrouille pastèque. *Cucurbita citrullus*. Chair rouge ou blanche, très-fondante : on l'emploie pour les confitures.

MÉLONGÈNE, Mérangène, Aubergine. *Solanum Melongena*. On les sème au mois de février sur couche et sous châssis ; à défaut, on sème dans des vases : ou fait une couche de fumier le long d'un mur exposé au midi, et à l'abri ; après avoir laissé passer le premier feu du fumier, on y plonge les vases, en les couvrant la nuit, et le jour lorsque le temps est trop froid. La *violette* et la *grosse brune*.

*Aubergine blanche*, ou *pondeuse*, se sème de même : on arrose les vases (1).

(1) L'aubergine est particulièrement exposée à être détruite par l'insecte nommé Courtilière, Courterole ou Taupe-Grillon. Il fait de grands ravages dans les semis, détruit les racines tendres des plantes, et on s'est trompé quand on a cru qu'il ne les mangeait pas : il est très-redoutable, et on doit employer tous ses efforts pour le faire disparaître des cultures. On n'emploie pour le détruire que de l'eau, sur laquelle on jette un peu d'huile. Il faut en faire

**NAVET.** *Brassica napus.* La saison ordinaire de semer les navets est de la mi-juin jusques en septembre. Il est plusieurs races de navets fins : le terrain influe beaucoup sur la saveur des navets. J'en indiquerai seulement un petit nombre, et les meilleures. Le navet de *Freneuse*, petit et demi-long. — Le navet de *Meaux*, très-allongé, et en forme de carotte effilée.

**NAVET JAUNE** *de Hollande*, de forme ronde, écorce et chair jaunâtres. — Le *jaune d'Ecosse* résiste aux gelée. — Le *jaune de Malte*. — Le *noir d'Alsace*, long, ordinairement très-doux et bon, d'un volume énorme.

Ces variétés, et toutes celles qui appartiennent à la même section, ne réussissent que dans les terrains privilégiés, sablonneux et doux : ce sont des navets par excellence, surtout pour mettre en ragoût; mais dans les *terres-fortes* ils deviennent fibreux, véreux, et valent moins que les espèces communes. Les navets étrangers sont peu cultivés, cela dépend de l'abondance du jardinage dans nos contrées; cependant il y a plusieurs espèces de navets qui méritent d'être connus, ayant une saveur *délicieuse*,

la chasse, le détruire, et le chercher jusque dans ses retranchements.

une écorce fine et délicate : je les recommande aux amateurs de navets.

Parmi les navets tendres, le *navet des Sablons,* demi-rond, blanc, très-bon. — Le *navet rose du Palatinat,* à collet rose, à chair très-tendre et douce. — Le *navet blanc-plat, hâtif.* — Le *rouge-plat, hâtif,* ayant pour principal mérite une grande précocité. — Le *navet de Maltot.* — La *rave du Limousin,* ou *rabioule,* ou *turneps,* qui, bien que cultivée pour les bestiaux, est cependant très-bonne dans la plupart des terrains qui ne sont pas sablonneux.

OGNON. *Allium cepa.* Cette plante, une des plus importantes et des plus utiles parmi les racines potagères, est vivace par sa nature; ses variétés sont nombreuses, et se modifient très-facilement par l'influence du sol et du climat. Je citerai les plus estimées. Le *rouge-pâle,* le plus généralement cultivé. — L'*ognon rouge-foncé,* large et plat. — Le *jaune* ou *blond.* — Des *Vertus.* — Celui de *Cambrai,* excellent, gros et de bonne garde. — L'*ognon de James,* couleur blonde, forme un peu allongée, très-estimé pour sa longue conservation. L'ognon de *Lescure* est une bonne espèce, très-cultivée par nos jardiniers : la consommation en est très-considérable par sa qualité. Il est ferme, lent à monter, et se conserve jusqu'à Pâques dans les années ordinaires; mais je dois observer que l'année 1834 ne lui a pas été favorable; on n'en conservera pas un, à cause des grandes pluies qui eurent lieu pendant son développement; on le sème fin janvier et tout février : pour les primeurs, si le plant a manqué à ces deux époques, il faut continuer le semis en mars.

On cultive ici l'*ognon rouge de la Saint-Michel*, parce qu'on le sème à cette époque : celui-là sert pour les ognons de primeur, tendres, qui sont nécessaires alors à la cuisine, les autres étant passés. On sème aussi avec avantage l'*ognon paille*, en janvier et février, pour servir pour garde : ce dernier est plus sujet au froid que le premier. D'après l'expérience, l'ognon récolté sur un terrain sec conserve plus longtemps que celui qui est cultivé sur un terrain gras. Ce dernier monte plus facilement.

Il faut que le terrain soit bien préparé et fumé, le fumier bien consommé : il serait bon d'avoir fumé quelque temps avant de semer.

L'ognon mûr, on le laisse étendu quelques jours dans une allée, puis on le rentre par un temps sec.

On suit une autre méthode dans les pays froids, où ces semis sont difficiles à élever.

Dans une terre bonne et sans excès, mais surtout bien saine, on sème en avril et mai, bien dru, c'est-à-dire très-épais, de la graine d'ognon; on arrose une ou deux fois immédiatement après le semis : si l'opération réussit, on obtient pour récolte une multitude de bubilles grosses comme des pois et au-dessus, que l'on conserve en hiver en lieu sec, comme d'autres ognons. Après l'hiver on dispose son terrain en rayons, espacés entre eux de six à huit pouces; et l'on y plante les bubilles une à une, à trois ou quatre pouces de distance : chacune d'elles devient un gros et bel ognon.

OSEILLE. *Rumex acetosa.* On la sème à la volée, en planche ou en bordure, au printemps, et mieux en automne; elle vient assez bien dans toutes les terres, quoiqu'elle préfère un sol léger et profond. L'*oseille de Belleville,* à feuilles plus larges que la commune, est généralement cultivée ailleurs qu'ici. *Oseille vierge :* ses feuilles sont plus blondes, plus larges et moins acides.

PANAIS. *Pastinaca oleracea.* Grande plante bisannuelle, à racine longue, simple, sucrée et aromatique; elle donne du goût au potage. Même culture que pour la carotte : il existe sous le nom de *panais rond* une variété en forme de toupie, plus hâtive que l'ordinaire, et convenant mieux pour les terres qui ont peu de fonds.

PASTÈQUE. *Voyez* Melon d'eau.

PATATE DOUCE, SUCRÉE, PRÉCOCE. *Convolvulus batatas.* On préfère celle à racine longue, jaune, comme étant plus précoce. Les jardiniers de Paris la cultivent avec succès; mon père l'a élevée sous de simples châssis, et puis placée en pleine terre à une bonne exposition. Le jardinier du Jardin-des-Plantes la cultive en grand, et avec avantage.

Les départements méridionaux pourraient se livrer à cette culture, qui réussirait parfaitement en pleine terre.

PERSIL. *Apium petroselinum.* Plante bisannuelle : ses graines, qui mettent trois semaines à lever, doivent être semées dès les premiers jours de mars, ensuite fin août et septembre, au pied d'un mur, et au midi, pour en avoir de bonne heure. Cette plante monte en graine la seconde année : il y en a plusieurs variétés, telles que le *frisé,* le *nain très-frisé,* variété nouvelle fort remarquable par la beauté de ses feuilles et sa lenteur à monter; celui à *larges feuilles,* celui à *grosses racines* (*tuberosum*), dont la racine charnue s'emploie en cuisine; le *persil de Naples,* à grosses côtes, ou *persil céleri,* qui produit une plante beaucoup plus grande que les autres, et dont les côtes blanchies se mangent cuites comme celles du céleri : ce dernier

doit être semé très-clair, ou mieux on le replante à un pied en tout sens.

PICRIDIE cultivée, Terre-Crépie. *Terra-Cre-
pola.* On la cultive dans le midi de la France,
en Italie; elle se sème en mars, et, successivement, on la coupe jeune et verte : on la mange
en salade.

PIMENT. *Capsicum.* Plusieurs espèces de ce
genre sont employées comme assaisonnement,
la plus usitée est le *piment annuel,* appelé *poi-
vre long.* — *Corail.* On sème cette plante, en
février ou mars, sur du terreau; on la replante
fin d'avril, au commencement de mai, sur une
plate-bande, au midi. — Le *piment ordinaire,*
le *rond,* le *gros,* le *gros rond d'Espagne,* le
*doux,* qu'on nomme *piment tomate,* à cause de
sa forme, qui est la même, mais en plus petit
volume.

PIMENT TOMATE. Fruit jaune, arrondi, tortu-
leux comme la tomate, dont il a emprunté le
nom : il est doux, et mûrit plus difficilement
que le piment ordinaire.

PIMPRENELLE *des jardins,* pour fourniture
de salade.

PORREAU, Poireau. *Allium porrum.* Il demande une terre légère, substantielle, et qui
n'ait pas été fumée depuis longtemps. On le
sème en février et mars, également en juillet :

lorsqu'il a atteint la grosseur d'un tuyau de plume, on saisit un temps pluvieux et couvert pour le déplanter avec précaution; et, sur-le-champ, on replante dans une planche de même terre bien ameublie, à six pouces environ de distance, et à trois ou cinq de profondeur, après avoir coupé l'extrémité des feuilles et des racines. Pendant l'été on doit l'arroser souvent. Le *porreau d'Allemagne* est plus fort, plus gros que celui acclimaté dans le pays : même culture que pour le précédent.

POIRÉE ou BETTE. *Beta.* La variété *poirée à cardes* est adoptée généralement, parce que les côtes de ses feuilles, plus tendres et plus larges, se cuisent et se mangent à la sauce blanche; la race la plus cultivée est la carde blanche; on en fait en deux saisons : en mars et avril, pour donner l'hiver; fin juillet, août et septembre, pour le printemps. Ce n'est que la seconde année que la plante monte en graine.

POIS. *Pisum.* Les pois ne sont pas difficiles sur la qualité du sol : on les sème en touffes, ou bien en rayons, souvent sur les plates-bandes, le long des murs exposés au midi : quand on veut obtenir quelque précocité, alors il faut choisir des terrains chauds et sablonneux; les rayons se pratiquent à environ huit pouces les uns des autres, et c'est la distance d'un pied

qui doit exister entre les trous faits à la houe,
et dans lesquels on jette cinq ou six pois, qui
doivent former la touffe ; jusqu'à la récolte, il
ne s'agit plus que de biner, de sarcler, de ramer les grandes espèces, et de pincer les hâtives à leur troisième ou quatrième fleur. Dans
les terres naturellement bonnes, on doit éviter
de fumer les pois : l'engrais les rend trop vigoureux, et alors ils donnent peu de fruits.

On sème en novembre et décembre les *michaux* et les *hâtifs*, le long des plates-bandes ;
et les autres hâtifs, fin janvier, février et mars,
et successivement les mêmes espèces : on prolonge les semis en pleine terre au moyen du
*Clamar* jusqu'à la fin de juillet.

On peut diviser les variétés des pois en deux
sections principales : *les pois sans parchemin* ou
*mange-tout ; goulus* ou *gourmands*, dont on
mange la cosse et le grain : parmi les uns et
les autres on distingue les variétés *naines* et
celles *à rames*.

1. POIS A ÉCOSSER. LES NAINS. — *Pois nain
hâtif.* Plus précoce que les autres nains, haut
de quinze pouces à deux pieds, suivant le terrain. Sa saison est celle des *michaux ;* il prend
fleur dès le deuxième ou troisième nœud, ce
qui le distingue de tous les autres ; sa cosse est
plutôt petite que grande : il est de bonne qua-

lité sans être marquant. — *Nain de Hollande.*
Il peut être mis en bordure dans les terres médiocres. — *Gros nain sucré tardif :* gros grain,
de fort bonne qualité, très-productif ; étant
fort, il demande plus d'espace que les autres
nains. — *Nain vert de Prusse.* Ces deux espèces
sont bonnes et productives.

    2. POIS A ÉCOSSER. A RAMES. — *Pois michaux
de Hollande.* Très-précoce; semé à la fin de février, il est délicat au froid. — *Michaux*, *petit-
pois de Paris.* La précocité et l'excellence de ce
pois l'ont mis en réputation dans nos contrées.—
D'*Auvergne*, variété nouvelle, cosse très-longue,
arquée, très-garnie de graines (elle en contient
jusqu'à onze) ; très-bonne qualité. — *Sans-pa-
reil.* — *Fève,* très-grand et tardif. — *Géant,*
encore plus grand que le précédent. — *Gros
vert normand*, tardif, à grandes rames, estimé,
surtout par son excellence pour purée (1).
Cette dernière espèce doit être semée fin décembre. Le *pois normand* a parfaitement réussi
semé à cette époque, ainsi que celui d'*Auvergne*, et à longue cosse.

---

(1) Ces espèces de pois à rames sont très-productifs; mais il faudrait leur réserver et choisir des abris, à cause du vent d'est : bal-
lotés en fleur, quand ils ont les tiges tendres, il leur porte le plus
grand préjudice.

Je ne m'étendrai pas davantage sur une quantité d'espèces qui ne sont ni connues ni cultivées, je me borne à indiquer les meilleures.

Depuis quelques années les pois michaux sont presque les seuls cultivés : on devrait en changer la semence, étant sujets à s'abâtardir, ainsi que toute espèce de plante.

3. Pois sans parchemin ou Mange-Tout.

*Pois sans parchemin nain et hâtif. — Sans parchemin nain ordinaire. — Eventail*, le seul sans parchemin nain et hâtif, tout-à-fait nain, ayant à peine un pied de haut. — *Sans parchemin blanc*, à grandes cosses, le meilleur peut-être de tous les *mange-tout :* cosses grandes, larges, charnues, crochues; ce qui le fait encore nommer *cornes de bélier.* Il est à grandes rames, tardif, et très-productif dans les bons terrains.

*Sans parchemin à demi-rames*, très-productif aussi.

*Turc*, ou *couronné*, nom tiré de la disposition des fleurs, à grandes rames, cosses très-nombreuses, si tendres et si sucrées que les oiseaux en détruisent quelquefois une grande partie. On assure que, pour préserver les pois d'être attaqués par un insecte nommé *bruche de pois*, il faut les semer en avril pour tous ceux qu'on destine aux purées : j'engage les amateurs à faire à ce sujet des essais et des observations.

POIS-CHICHE. *Cicer arietinum.* Plante annuelle, généralement connue. Semer au printemps.

POURPIER. *Portulaca oleracea.* On sème en pleine terre, lorsque les froids ne sont plus à craindre. *Pourpier doré*, plus estimé que le vert, mais qui souvent dégénère en reprenant sa couleur. La graine, étant très-fine, se jette clair, sur du terreau bien consommé : on ne l'enterre point, mais on l'aplatit avec la main sur la terre : on le couvre avec de la mousse. Cette méthode doit être employée pour toutes les graines fines et les plantes délicates.

RAIPONCE. *Campanula rapunculus.* On sème au mois de mars, sur une terre bien labourée et ameublie, à une exposition ombragée; on recouvre très-légèrement de terreau fin; on arrose avec un arrosoir à trous fins, vu la finesse de la graine; on couvre les semis de mousse hachée, ou l'on sème des radis parmi, pour donner de l'ombre.

RAVE, *Raphanus sativus oblongus;* et RADIS, *Raphanus sativus rotundus.* Ces racines annuelles offrent plusieurs variétés : telles sont les raves *rouge longue;* — *petite hâtive;* — *couleur de rose,* ou *saumonée;* — *blanche;*—*tortillée du*

Mans : le *radis blanc hâtif*, le *gris long d'été;* le *radis jaune*, le *gros d'Augsbourg;* le *raifort*, ou *gros noir d'hiver.*

Le plupart de ces variétés, surtout les *petits radis longs*, se sèment presque toute l'année. Pour obtenir des radis bien ronds, il faut que la terre soit fortement piétinée avant de semer; dans les chaleurs, il faut beaucoup d'eau, un peu d'ombre; semer peu à la fois, et répéter souvent les semis.

ROQUETTE. *Brassica eruca.* On la sème fort clair au printemps, en août et septembre, pour l'hiver.

SALSIFIS, CERCIFIS. *Tragopogon porrifolium.* Ou sème à la volée, en mars et avril, en terre substantielle, labourée profondément, bien ameublie, et qui n'ait pas été nouvellement fumée : il ne s'agit plus que d'arroser souvent. On cultive de même, et pour le même usage, que la plante précédente.

SCORSONÈRE D'ESPAGNE. *Scorzonera hispanica.* Sa racine est noire; il diffère du salsifis par l'usage, en ce qu'on ne le mange communément qu'à sa seconde année, excepté dans les terres très-douces, où il peut acquérir dès la première année une grosseur suffisante : dans ce dernier cas, il faut le semer en février; on peut aussi le semer en août.

4

SARIETTE DES JARDINS. *Satureia hortensis.*
Annuelle. Petite plante aromatique, haute de
neuf à dix pouces, ayant beaucoup de rapport
avec le thym. Elle se multiplie d'elle-même lorsqu'elle a été introduite.

SOUCHET COMESTIBLE, AMANDE-DE-TERRE. *Cy-
perus esculentus.* Du midi de l'Europe, en Espagne, et dans quelques départements de la
France : les tubercules nombreux dont ses racines sont garnies servent d'aliment à l'homme,
ou à faire une sorte d'orgeat fort agréable ; et
on peut en tirer de l'huile. On plante en mars,
à la profondeur d'un pouce, dans une terre de
préférence légère et humide, bien ameublie,
par touffes espacées entre elles d'environ un
pied, trois à quatre tubercules, qu'on fait ordinairement gonfler dans l'eau ; on bine, on sarcle et on arrose ; au mois d'octobre on arrache
les tubercules, qu'on conserve pour l'usage, et
pour planter l'année suivante.

SPILANTHE, ABÉCÉDAIRE. *Spilanthus.* Nom
de deux plantes annuelles que leur saveur pi-
quante fait employer en cuisine comme assaisonnement ; l'une est appelée CRESSON DE PARA,
*Oleracera*, et l'autre CRESSON DU BRÉSIL : pour
se les procurer, il suffit, lorsque d'elles-mêmes
elles ne sont pas semées, de le faire au printemps sur couche ; puis, lorsque le plant est

assez fort, on le repique à une exposition du midi, et l'on arrose souvent. Si on prend une tête de fleurs de ces plantes, et qu'on s'en frotte les dents et les gencives, elle procure un petit frémissement dans la bouche, une salivation abondante, et enfin une fraîcheur très-agréable.

TOMATE, Pomme d'amour. *Solanum lycopersicon.* Annuelle. On la sème dès que la terre est réchauffée. Grosse et nouvelle espèce, ayant un volume très-fort, excellente qualité; se cultive comme la précédente.

TOPINAMBOUR, Poire de terre. *Helianthus tuberosus.* On le cultive comme les pommes de terre, mais il veut être planté dès février. Il se reproduit ordinairement de lui-même, et un terrain où l'on a cultivé des *topinambours* peut en rester garni, pour ainsi dire, indéfiniment. Le goût de ce tubercule a du rapport avec celui de l'artichaut cuit. Il y a une variété à tubercules jaunes.

TRIQUE - MADAME, Orpin blanc. *Sedum album.* On en use comme fourniture de salade. Il se multiplie ou de semences ou de boutures; il s'étend bientôt, pourvu qu'il ait été mis en exposition chaude.

# CHAPITRE DEUXIÈME.

## GRANDE CULTURE.

### DES PRINCIPALES ESPÈCES DE FOURRAGES.

Les plantes à fourrage étant aujourd'hui généralement cultivées, j'ai dû, dans l'intérêt d'un grand nombre de mes lecteurs, faire connaître la culture de celles qui conviennent à notre climat.

En me bornant à donner les notions les plus essentielles, je tâcherai de ne rien omettre d'utile, et j'éviterai tous les détails scientifiques ou de pure curiosité.

Je donnerai d'abord quelques indications générales sur les semis des prairies artificielles : on doit considérer que le succès intéresse, non-seulement le produit en fourrage que l'on en attend directement, mais encore la récolte des grains ou d'autres productions qui suivront le défrichement, quelquefois même plusieurs récoltes subséquentes.

Les plantes qui durent plusieurs années, et

dont les racines descendent profondément, comme la *luzerne* et le *sainfoin*, demandent des labours aussi profonds et aussi complets qu'on puisse les donner ; et pour toutes les espèces de fourrage, à bien peu d'exceptions près, on réussira d'autant mieux, que la préparation et le nettoiement du terrain auront été plus parfaits. Il faut, toutefois, éviter, autant qu'on le peut, de semer sur un labour trop récent, et lorsque la terre est encore trop creuse et soulevée ; cette précaution est surtout essentielle pour les semences fines et dans le cas de labours profonds : lors donc que le guéret n'est pas suffisamment rassis, il convient en certains cas d'obtenir cet effet artificiellement par l'emploi du rouleau, par les hersages répétés, les dents de la herse inclinées en arrière. Quand il s'agit d'une prairie à faucher, la surface du sol doit être aplanie et nivelée autant qu'il est possible, épierrée s'il est nécessaire, enfin débarrassée de ce qui pourrait gêner le fauchage, qui est d'autant meilleur qu'il est plus ras.

L'application des fumiers aux plantes fourragères, plutôt qu'aux grains qui doivent ordinairement les suivre, est une très-bonne méthode, dont les avantages s'étendent à la fois sur le produit actuel, sur la bonté et la netteté de la moisson suivante : je parle surtout des plantes annuelles et d'une courte durée, comme la *vesce*, le *trèfle*, et les *racines fourragères*.

Les fumiers nouveaux conviennent en général aux plantes vigoureuses et à grosses graines; quelques espèces, au contraire, dont les graines sont très-fines, ou qui sont délicates dans leur jeunesse, comme la *luzerne*, la *carotte*, etc., demandent des engrais consommés, ou préfèrent la fumure donnée une année d'avance pour la récolte qui les a précédées.

Les graines fines doivent être semées sur un hersage, plutôt que sur le dernier labour, et il faut ne les recouvrir que légèrement; pour cette opération on se sert d'une herse légère et à dents courtes; ou de la herse ordinaire, entre les dents de laquelle on entrelace des branches d'épines; ou seulement du rouleau : l'usage de ce dernier instrument, même après le hersage, est toujours excellent pour les semis faits en terre légère.

Très-souvent on sème les fourrages avec l'avoine ou d'autres céréales; ou bien un semis de pré se trouve composé de graines grosses ou légères, comme celles du sainfoin, du fromental; et d'autres fines et coulantes, comme celles du trèfle blanc, jaune et autres graminées : dans ces deux cas, on sème d'abord les grandes graines, les ayant préalablement mêlées ensemble, s'il y en a de plusieurs sortes; on herse ce premier semis; ensuite on répand sur tout le champ les semences fines, également mêlées, s'il y en a de plusieurs espèces; puis on herse de nouveau en travers, ou bien on roule de même.

J'indiquerai à chaque article la quantité approximative des semences à employer.

Un hectare comparé à l'arpent de Toulouse donne 7 pugnères 4 perches; demi-hectare, 3 pugnères 4 boisseaux 2 perches : 56 ares 90 centiares font l'arpent de Toulouse, ou 1764 cannes carrées, ou 576 perches. Il est des circonstances où il est nécessaire de semer plus ou moins épais; ainsi un mauvais terrain demande plus de semence qu'un bon ; sur un terrain médiocrement préparé par un temps sec et défavorable, dans une situation exposée à des gelées tardives, dans toutes les circonstances enfin désavantageuses à un semis, il faut le faire plus épais que si le sol et la saison le favorisent. J'ai pensé nécessaire de donner des *à-peu-près* pour diriger les propriétaires qui, voulant faire des essais, n'ont quelquefois aucune donnée sur la quantité de graines nécessaires pour le terrain qu'ils veulent ensemencer.

## PREMIÈRE CLASSE.

### Plantes à fourrages de la famille des graminées.

AGROSTIS TRAÇANTE. *Agrostis stolonifera*. L'agrostis traçante peut être employée utilement sur des terrains tourbeux, ou, comme pâture, sur les mauvaises terres humides, où souvent elle se propage naturellement avec abondance. Sa graine étant extrêmement fine, doit être à peine recouverte, et semée à raison de 20 livres l'arpent en février ou septembre.

AGROSTIS de *herd-grass* et de *red-top-grass*. Plante d'Amérique qui a parfaitement réussi en France sur des terrains de sables profonds, où son produit a été extraordinaire, et sur une terre calcaire un peu fraîche, mais non point humide. Le *herd-grass* talle beaucoup, et une fois établi il devient très-vigoureux et de longue durée; ce qui le rend très-propre à entrer dans la composition des prairies permanentes. L'extrême finesse de la graine et la lenteur du premier accroissement de la plante rend difficile le succès complet des semis : le jeune plant est étouffé par les mauvaises herbes; ceux qui l'ont cultivé en France ont préféré en faire des semis et le transplanter. Je recommanderai seulement, quant aux semis en place, l'observation la plus stricte possible des précautions nécessaires pour le succès des semences très-fines : son fourrage est un peu gros, mais très-abondant. 25 livres par arpent.

AVOINE ÉLEVÉE, FROMENTAL. *Avena elatior.* Graminée vivace, une des plus grandes et des plus productives que l'on trouve en France : cultivée en grand dans le département du Nord, elle commence très-heureusement à être cultivée dans nos départements. On peut former les prairies naturelles avec le fromental. Il n'est pas facile de créer de bonnes prairies naturelles, parce que les propriétaires ne veulent rien sacrifier pour se procurer les graines nécessaires à leur formation : presque partout on se contente de ramasser indistinctement les graines qui se trouvent dans les granges; ce qui n'est qu'un mélange de toutes les mauvaises graines existantes dans les vieux prés : de cette manière on ne peut former que de très-mauvaises prairies; un inconvénient aussi grave n'existerait pas si on choisissait de bonnes graines appropriées à notre climat et à nos terres : dans le nombre on pourrait distinguer le *timothy*, la *grande fétuque*, la *coquiole*, les *pimprenelles*, le *trèfle jaune*, le *fromental;* son foin, quoique de bonne qualité, est un peu gros, et sujet à sécher très-promptement sur pied : par ces raisons, il convient de faucher le fromental de bonne heure, de le semer dru ; il convient particulièrement aux prés hauts et moyens, et craint l'excès de l'humidité. Ce gramen sera supérieur à tous les autres pour former des hauts prés à faucher. Le *fromental* est souvent désigné sous le nom impropre de *ray-grass de France*.

Pour conserver l'*avena elatior* pure et nette des mauvaises herbes, on devra faire usage du moyen indiqué, de faucher quatre à cinq fois par an les jeunes semis de cette plante. L'agronome pourrait en conserver la semence sans mélange, et étendre avec économie ces semis. Voyez *Gazons*.

D'après des expériences réitérées, il est prouvé que nous étions dans l'erreur lorsque l'on fixait la semence suffisante à 100 livres par arpent.

Certains agronomes prétendent qu'on doit semer 200 livres ; quant à moi, j'ai vu un arpent de terre sur lequel on avait semé 140 livres de fromental : il était assez épais, et, en conséquence, je me borne à conseiller cette quantité. On peut y joindre d'autres graminées, qui serviront à garnir et à augmenter le fourrage. Le fromental, semé dru, a l'avantage de se conserver plus longtemps : on ne saurait assez recommander sa culture. On peut le semer en septembre et février.

Je ne dois pas m'étendre sur l'avantage qui résulte pour les propriétaires d'écobuer leurs vieux prés ; ils auront des récoltes chaque année et pendant près de dix ans, soit blé, maïs ou avoines. Après avoir retiré de grands bénéfices de ces récoltes, on peut rétablir les prairies avec un mélange de 10 livres de *grand trèfle rouge*, 10 livres de *trèfle jaune,* et quelques graminées ; cette combinaison produira un très-bon pré.

Je connais de grands propriétaires qui utilisent les chemins de communication entre leurs diverses métairies, en semant chaque cinq à six ans du *trèfle jaune* sur les bords, pour servir à la dépaissance : ce procédé n'est bon que pour la grande propriété.

BROME DES PRÉS. *Bromus pratensis.* Il peut être classé parmi les espèces passables ; mais il est des terrains et des circonstances où une plante médiocre d'ailleurs peut devenir très-utile : c'est ainsi que, sur un sol calcaire, trop pauvre même pour le sainfoin, et où il s'agirait d'obtenir des fourrages quelconques, le *brome des prés* donne des résultats plus satisfaisants qu'aucune autre espèce. Il s'y établira vigoureusement, de manière à fournir une bonne pâture, et même à devenir fauchable mieux que le *dactyle ;* il en sera de même sur des sables fort médiocres. On peut donc ranger cette plante au nombre de celles qui, par leur vigueur et leur *rusticité,* sont en état de réussir sur les plus mauvais terrains, et d'y offrir des ressources et des moyens d'amélioration que l'on n'obtiendrait point d'espèces plus précieuses. Sa durée est longue. Le *brome des prés* gazonnant bien, sa feuille étant étroite (il a quelque ressemblance avec le *ray-grass*), offrira encore l'avantage d'être propre à former des gazons d'agrément d'assez longue durée sur des terres très-calcaires, où même le *ray-grass* et les herbes des bas prés ne peuvent vivre. Il faut 80 livres de cette graine par arpent.

FÉTUQUE des prés. *Festuca pratensis.* Plante vivace des prairies naturelles, l'une des meilleures que l'on puisse employer dans les ensemencements des bas prés, à raison de l'abondance et de la qualité de son produit; elle est un peu tardive, et ne doit pas être, par cette raison, associée avec les espèces de la première saison, telles que le *vulpin* et le *paturin des prés :* semée seule, elle demanderait 120 livres par arpent.

FÉTUQUE ÉLEVÉE. *Festuca elatior.* Elle est plus forte, plus élevée que la précédente : quoique le foin de cette plante soit gros, comme il est en même temps d'assez bonne qualité, ainsi que fort abondant, on la regarde comme une des espèces les plus utiles à cultiver dans les fonds des bas prés.

FÉTUQUE DE BREBIS. *Festuca ovina.* Petite, à feuilles fines, peu productive, mais renommée par la qualité du pâturage qu'elle fournit aux moutons, et ayant l'avantage de venir dans les sables fins et stériles, et sur les coteaux les plus secs. C'est seulement dans de pareils terrains qu'elle peut être utile, et qu'il convient de la semer, soit en septembre, soit, de bonne heure, en février et mars; 80 livres de cette graine suffisent par arpent.

FLÉOLE, ou FLÉAU DES PRÉS. *Timothy* des Anglais. Le produit considérable de cette plante, déjà connue, a engagé à la cultiver : on la sème séparément pour en faire des prairies à faucher; elle convient particulièrement aux terrains humides, argileux ou sablonneux. Le *timothy* étant une des graminées les plus tardives, si on l'emploie pour former le fond d'une prairie naturelle, on doit éviter de lui adjoindre les espèces très-hâtives : les *agrostis*, les *fétuques des prés*, et *élevée, etc.*, sont celles qui, sous ce rapport, iraient le mieux avec lui. On peut encore employer très-avantageusement le *timothy* en pâture, même sur des terrains médiocres, pourvu qu'ils aient de la fraîcheur. On sème 50 livres par arpent.

FLOUVE ODORANTE. *Anthoxantum odoratum.* Graminée d'un faible produit, mais recommandable par sa grande précocité et par son odeur aromatique. Cette plante croît dans des situations et des terrains bien différents : on la trouve dans les bois, sur les coteaux secs et élevés; mais elle n'est pas rare dans les prairies même humides. Seule, elle ne saurait faire de bonnes prairies à faucher : on peut la semer avec avantage sur des terrains sablonneux et médiocres, pour y fournir un pâturage précoce; un autre emploi auquel elle convient est d'être mélangée en petite quantité avec les graines que l'on destine à l'ensemencement d'un pré : la bonne odeur qu'elle communique au foin rend celui-ci plus appétissant pour les bestiaux. On sème 50 livres par arpent.

HOULQUE LAINEUSE. *Holcus lanatus.* Il est peu de plantes parmi les graminées vivaces qui conviennent mieux pour entrer dans la composition d'un fond de pré pour terrain frais. Dans les départements du Nord elle croît abondamment dans les terrains frais et dans les terrains secs : l'époque de sa floraison , qui tient le milieu entre les espèces hâtives et les tardives, et la faculté qu'elle a de se conserver sur pied quelque temps après sa maturité , sans trop perdre de sa qualité , permettent de l'associer avec la plupart des autres gramens; enfin, elle est très-bonne en pâturage. Il faut 40 livres par arpent.

Si le mélange des graminées avec les plantes des prairies artificielles , et particulièrement avec la graine de *trèfle rouge,* est une bonne pratique, d'après l'expérience, la *houlque laineuse* serait sans contredit une des espèces les plus propres à cet usage , et préférable à tous égards au *ray-grass* et au *dactyle.*

FORMATION d'une prairie naturelle par demi-hectare, ou par arpent de Toulouse , poids métrique :

115 demi-kilogrammes fromental ,
4 demi-kilogrammes trèfle jaune.

AUTRE FORMATION de prairie naturelle par demi-hectare, ou arpent de Toulouse :

25 demi-kilogrammes gramens en mélange.

70 demi-kilogrammes fromental.
4 demi-kilogrammes trèfle jaune.

AUTRE FORMATION de prairie naturelle par demi-hectare, ou par arpent de Toulouse :

25 demi-kilogrammes gramens par noms.
70 demi-kilogrammes fromental.
4 demi-kilogrammes trèfle jaune.

Ces diverses prairies ont parfaitement réussi. Les agronomes qui ont formé de nouvelles prairies avec les gramens que je décris, et en faisant des mélanges dans la proportion que j'indique, ont obtenu un produit infiniment supérieur à celui des anciennes prairies. Ces divers gramens coûtent quelque chose de plus en argent que les prairies refaites avec la graine des granges. Pour faire cette expérience avec économie il faut semer un demi-hectare, serrer le fourrage dans une grange séparée, ramasser les graines avec soin, et faire un nouveau semis.

---

IVRAIE VIVACE, RAY - GRASS d'Angleterre. *Lolium perenne.* C'est de toutes les graminées celle qui est employée le moins dans les prairies. Dans nos départements elle pourrait être employée avec avantage avec le grand *trèfle rouge*, en mélange : c'est une bonne pratique, d'après l'expérience, dans la grande culture; les résultats qu'on a déjà obtenus varient infiniment, à raison du climat, du sol et des autres circonstances locales; on peut l'admettre partiellement dans le mélange des gramens pour prairies. On sème le *ray-grass* avec un mélange de *trèfle blanc*. Quand on veut former des gazons ou des bordures, on pourrait y ajouter le *lotier corniculé*. Voy. *Gazons*.

Le *ray-grass* doit être semé dru en février et mars, septembre et octobre : semé seul il faut 100 livres par arpent.

L'IVRAIE VIVACE D'ITALIE, *lolium perenne italicum,* a été livrée au commerce et à l'agriculture depuis peu d'années; si on peut l'acclimater en France, il n'est pas douteux que les grands avantages que procurera ce fourrage par sa durée, son grand produit et son utilité, engageront bien certainement à le cultiver. Préférable à la luzerne, ainsi qu'au trèfle, il a l'avantage d'être plus sain que ces derniers, n'étant pas malfaisant donné en vert à tous les bestiaux : c'est un avantage qui est inappréciable, à cause des évènements fâcheux qui ont résulté de l'imprévoyance des bouviers à donner du trèfle et

de la luzerne encore imbibés de rosée, et qui
ont perdu subitement les bœufs, vaches et
taureaux, car ces deux fourrages sont perni-
cieux aux bêtes à corne. Il préviendra aussi les
accidents qui se reproduisent souvent sur les
propriétés couvertes de ces deux fourrages :
lorsque les bêtes à corne s'échappent, confiées
à la garde d'enfants trop jeunes, elles y accou-
rent avec avidité, et y trouvent la mort. Je con-
viendrai, néanmoins, que ces deux fourrages
ont été d'un grand secours à l'agriculture, surtout dans nos départements, où elle grandit, et
d'où elle gagne de proche en proche les pays
éloignés.

L'*ivraie d'Italie* peut être fauchée quatre
fois; on peut lui donner aussi des terres qui ne
conviennent pas aux autres fourrages : un sol
humide lui convient mieux, tandis que les autres ne sauraient venir qu'en terre sèche et élevée; c'est d'autant plus précieux, que ces localités ne peuvent recevoir les céréales, qui y périssent ordinairement par l'abondance des
pluies, les eaux y séjournant davantage; et le
peu de récolte qui échappe à ce premier acci-
dent est emporté par le brouillard, qui s'épais-
sit avec force sur tous les bas-fonds; ce que
chacun peut vérifier ainsi que moi.

Lorsque je dis que l'*ivraie d'Italie* veut une

terre humide, je n'entends pas, non plus, dire ou conseiller de lui donner des terres qui sont continuellement imbibées d'eau : ce serait contre le bon sens; mais je dis les terres humides, les bas-fonds (1).

Il faut observer, néanmoins, que dans notre climat du Midi, la saison la plus favorable est de semer l'ivraie d'Italie fin septembre et octobre; elle est déjà fourrageuse en décembre, ayant une végétation forte et active : on peut aussi la semer au printemps, fin février, et tout le mois de mars; plus tard, elle est retardée dans sa végétation par les vents du midi qui dessèchent en avril la surface de la terre où cette graine a été répandue, et qui y reste nécessairement, étant très-légère, jusqu'à ce qu'une pluie assez abondante l'attache au sol : c'est par cette raison qu'il faut choisir un temps humide lors de la semence. Sa germination ne se fait pas long-temps attendre; dans peu de jours elle couvre la terre.

Il est juste d'apprécier l'utilité de l'ivraie

---

(1) Les années de 1833 et 1834 eurent des étés très-pluvieux, ce qui dérangea les expériences qu'on faisait alors sur l'ivraie d'Italie : elle périt en divers lieux et réussit dans d'autres. Elle est cultivée à l'Ecole d'artillerie avec le plus grand succès : elle a été fauchée cinq fois et a produit en vert et en sec une grande quantité de fourrage.

d'Italie par les diverses coupes qu'elle donne, et surtout au mois d'août et septembre, époque à laquelle on est privé de fourrages verts. Cette plante peut fournir cette ressource jusqu'aux semences, si toutefois les fortes gelées sont retardées : sa végétation est active et continuelle; ce qui fait craindre pour sa durée, qui n'est pas encore bien constatée dans nos climats.

PANIS ÉLEVÉ, ou HERBE DE GUINÉE. *Panicum altissimum*. Il existe trois espèces d'herbe de Guinée : les espèces cultivées sans succès sont le *panicum altissimum* et le *panicum virgatum*.

Il est impossible d'acclimater dans nos départements le *panicum altissimum*, parce qu'en septembre, lorsque la plante a donné son fourrage, il survient sur la racine de petits tubercules d'environ cinq ou six lignes de diamètre; malheureusement ces tubercules affectent toujours de s'établir moitié dans la terre, et l'autre moitié au-dessus de sa superficie : c'est de ces tubercules que doivent sortir au printemps les jets qui forment le fourrage; mais ces tubercules sont gelés par un froid de quatre degrés, s'ils ne sont couverts par la neige : alors la plante est perdue; on n'a de ressource que dans les graines, qui mûrissent très-bien; mais on n'en a pas moins perdu le fourrage. On pourrait essayer la culture de cette plante en Espagne et dans nos départements méridionaux.

Le *panicum virgatum* résiste à un froid de douze degrés; son fourrage s'élève autant que le *panicum altissimum :* sa graine est très-difficile à la naissance. Un agronome distingué, qui l'a semée avec le plus grand soin, n'a pu la faire lever : il est possible que dans le transport qui en est fait par mer elle se soit avariée, et n'ait pas conservé son principe de germination; il faut espérer que ce fourrage remarquable finira par s'acclimater tout-à-fait en France (1).

PATURIN, ou Poa des prés. *Poa pratensis,* Les *paturins* offrent plusieurs plantes intéressantes, sous différents rapports, mais surtout sous celui de la qualité de leur fourrage. L'espèce dite *paturin des prés* est peut-être la plus difficile à apprécier : peu de gramens sont aussi communs que celui-là, et se présentent sous des aspects plus différents : on le voit petit et sec sur le bord des routes et les berges

(1) Ces observations ont été données par M. le chevalier de Morteaux, zélé agronome ; mais on assure que M. le comte de Mosbourg, près de Cahors, en a fait un semis en place qui lui a parfaitement réussi.

des fossés, grand et fourrageux dans les prairies humides ; mais partout extrêmement traçant et très-précoce. Ces deux caractères le rendent souvent plus nuisible qu'utile dans les mélanges formés par le hasard, et doivent engager à ne l'employer qu'avec circonspection dans la formation des prés. Quoique son foin passe pour être d'excellente qualité, le mieux serait de le semer seul dans les terres humides, ou avec le *vulpin des prés* et le *paturin commun,* qui, bien que plus tardifs, demandent à être coupés à peu près en même temps que lui ; dans les terrains secs, avec les *dactyles* et le *froment al,* un peu de *flouve* et des légumineuses, ayant soin, dans ce dernier cas, de le faucher de très-bonne heure : il demanderait environ 80 livres par demi-hectare.

Le *paturin commun, Poa trivialis,* aussi commun que le précédent, croît, comme lui, dans des terrains très-différents : il est abondant dans les plaines sèches, parmi les prairies artificielles, et cependant l'humidité lui est très-favorable ; on le trouve souvent dans les terres aquatiques : il faut 80 livres de graine par demi-hectare.

VULPIN DES PRÉS. *Alopecurus pratensis.* On s'accorde généralement à regarder le *vulpin* comme une plante précieuse par sa précocité et l'abondance de son fourrage : bien qu'il épie de bonne heure, sa végétation se soutient par une nouvelle production de tiges; cela fait qu'il peut être mêlé avec la *houlque,* le *ray-grass.* Il peut être semé de bonne heure, en automne ou en février; il faut 80 livres par arpent.

## DEUXIÈME CLASSE.

### Plantes à fourrages de la famille des légumineuses.

AJONC, Jonc marin, genêt épineux. *Ulex europæus.* Arbuste extrêmement épineux, naturel aux terrains incultes, très-cultivé dans le département de l'Ariège. Je citerai la plaine de Mazères, Saverdun, Pamiers, dont le terrain très-léger, nu d'arbres, est aujourd'hui complanté d'*ajonc,* qui donne un très-bon revenu aux propriétaires. Il parvient dans un bon terrain à une élévation de dix pieds : il procure le chauffage des fours; il sert à former des clôtures, et il est d'une grande utilité pour les pauvres.

Il serait à désirer que sa culture fût plus étendue; il conviendrait surtout dans les pays

dépourvus de bois. Tous les arbres épineux
donnent un feu plus vif que le chêne et autres :
cent fagots d'égale grosseur d'ajonc rempliront
le même objet que cent cinquante de chêne.
Coupé jeune il peut servir de fourrage dans les
pays surtout où l'on manque de pâtures artificielles : on le donne aux animaux , après avoir
écrasé les piquants avec un maillet ou sous une
meule à cidre. L'ajonc passe pour fertilisant :
après lui on peut obtenir de belles récoltes; ce
qui tient sans doute à l'usage où l'on est quand
on l'extirpe de brûler les souches et les racines
sur le terrain. C'est dans les contrées sèches et
arides que devrait être cultivé l'ajonc, qui four-
nirait de grandes ressources en bois, et des cendres pour fumer les terres : ses avantages sont
connus; il convient comme je l'ai déjà dit, pour
former des clôtures presque impénétrables : pour
cela, après avoir semé en février et mars sur les
revers des fossés, on défend ses jeunes pousses
de la dent des bestiaux, qui s'en accommodent
très-bien; on le sème aussi en semis en février,
pour être mis en place en octobre. Si l'on veut
couvrir de grands espaces à demeure, on le
sème à la volée aux mêmes époques, après
avoir préparé autant que possible le terrain
par de bons labours : il faut 10 livres par
demi-hectare.

La petite espèce d'ajonc, *Ulex nanus,* commune aux environs de Paris, sert aux pauvres gens pour nourrir leurs bestiaux dans sa nouveauté, et pour chauffer leur four dans l'arrière-saison.

ERS ERVILLIER. *Ervum ervilia.* Fourrage annuel. L'*ers,* sans être élevé, ne laisse pas d'être fourrageux, et produit beaucoup de graine, que l'on donne aux pigeons; mais avec ménagement, parce qu'elle les échauffe.

La plante mangée en vert par les cochons leur est presque mortelle, ainsi qu'en grain sec, son et farine. Comme aliment pour l'homme, cette graine est également très-suspecte, et on doit se garder de l'employer en mélange dans le pain. L'ers en farine s'emploie avec avantage lorsqu'on veut engraisser des bœufs; mais on doit le combiner avec les pommes de terre.

Voici comment il faut agir : on coupe les pommes de terre à morceaux avec un tranchant (1); on en donne ordinairement à une paire de bœufs 130 à 150 livres par jour.

---

(1) M. Bourcette, à Paris, a inventé un tranchant pour couper les pommes de terre : toutes les racines sont hachées en petites tranches, qui n'offrent ainsi aucun inconvénient pour les bestiaux; l'on peut aussi se servir d'une S tranchante fixée au bout d'un bâton, et avec laquelle on coupe facilement les pommes de terre : cette

5

Après les quinze premiers jours de cette nourriture, on y ajoute, trois fois par jour, de la farine d'ers, pétrie avec un peu d'eau et de sel; un hectolitre de cette farine suffit pour tout le temps de l'engrais. Une paire de bœufs vieux, estimée treize louis, qui avaient dépensé 50 quintaux de pommes de terre, dans trente-cinq jours, fut vendue vingt louis.

Dans les années d'abondance de cette racine, difficile à être vendue, elle peut être utilisée avec avantage de cette manière; ce qui fait monter le prix des pommes de terre à plus de 3 fr. le quintal.

L'ers réduit en farine est excellent pour les vaches; il leur procure une plus grande quantité de lait : on peut en donner aux troupeaux mêlée avec du son. On le sème en octobre; il réussit mieux qu'en février : son fourrage doit être donné aux chevaux en petites rations et lorsqu'on veut leur donner des forces et les soutenir pour des travaux pénibles : il faut pour un demi-hectare trois quarts d'hectolitre.

GALÉGA, ou RUE DE CHÈVRE. *Galega officinalis.* Le *galéga* est un fourrage dont les touffes sont bien fournies. On doit en concevoir une

dernière méthode est bonne pour les bœufs, la première est préférable pour les moutons.

idée avantageuse et le cultiver en prairies artificielles ; sa plante est d'une vigueur étonnante :
il faut 60 livres de graines par hectare.

LOTIER CORNICULÉ. *Lotus corniculatus.* Peu
connu jusqu'à présent dans la culture, il mérite
pourtant de l'être : il est bon en pâturage, vient
fort bien sur les terrains secs, et y maintient
sa végétation en été ; il est propre à la plupart
des usages auxquels on emploie le petit trèfle
blanc, et lui serait souvent préférable, notamment pour garnir les gazons de graminées, où
ses fleurs jaunes font un très-joli effet : sa graine,
très-difficile à récolter, est peu abondante, ce
qui la tient à un prix élevé. Les agronomes re-
connaîtront par l'expérience le climat qui lui
sera le plus favorable : il mériterait d'être cultivé par la bonté de son fourrage, quoique peu
élevé ; la graine étant très-fine, il faut le terrain
bien préparé, et serré avec le rouleau : il faut
16 livres de graine par demi-hectare.

LUPIN BLANC. *Lupinus albus.* L'importance
du *lupin* comme engrais m'engage à donner
quelques détails sur sa culture. Les racines de
cette plante sont ligneuses, les tiges droites,
et les feuilles alternes : les terrains légers et
sablonneux lui sont propres ; mais elle redoute
l'argile, et ne vient pas sur un sol limoneux :
quand le *lupin* a été bien semé, il couvre par-

faitement la terre, et détruit toutes les mauvaises herbes : s'il est destiné à servir d'engrais, la graine doit être placée dans des raies très-serrées ; si l'on veut recueillir la graine il faut espacer davantage les rangées, afin de pouvoir en travailler les intervalles, à peu près comme ceux des lentilles.

Le *lupin blanc*, enfoui en fleur, est reconnu être un précieux engrais pour les terres. M. Chambord, propriétaire à Lunel, ayant enfoui du *lupin* sur une terre lisse, bâtarde, obtint un produit de quinze semences : enfoui sur une vigne épuisée, elle a été entièrement rétablie, et a produit beaucoup de raisins ; les sarments sont devenus forts, et ont reçu tant de vigueur, qu'ils étaient de 12 à 15 pans de long. Le *lupin* est semé avec succès par plusieurs agronomes ; sa culture s'étendra probablement partout : je me joins aux instances de M. le comte Louis de Villeneuve afin d'engager les agronomes à sa culture.

Les prairies artificielles ont commencé la fortune de notre agriculture ; joignez-y bon nombre de bestiaux, vous aurez du fumier : le *lupin* viendra à l'aide pour les augmenter ; il réussit parfaitement dans les terres douces, fraîches et ayant de la profondeur.

On n'est pas bien d'accord pour l'époque de

la semence : comme fève sauvage, je crois qu'on doit le semer à la même époque que nos fèves des champs.

La graine a l'avantage de se conserver sur pied, et l'on n'a pas à craindre qu'elle soit dévorée par les animaux; ce qui permet de ne la ramasser que lorsqu'elle est bien mûre. On sème le lupin aux premières pluies de septembre et octobre, afin qu'il puisse donner une forte végétation, qui s'élève de 30 à 40 pouces, même à 48. Cette plante est connue par l'excellent engrais qu'elle fournit aux terres, étant enfouie pendant sa floraison : il faut trois quarts d'hectolitre par hectare.

LUPULINE, MINETTE. *Medicago lupulina.* Elle a la feuille et l'apparence d'un trèfle; ce qui lui fait donner quelquefois le nom de *trèfle jaune, trèfle noir,* dénominations dérivées, l'une de la couleur de sa fleur, l'autre de celle de sa gousse. Sa culture a été longtemps confinée dans certains cantons; mais depuis quelques années elle est considérablement étendue dans le centre de la France. Elle réussit sur les terres calcaires, sèches et de médiocre qualité; elle est bisannuelle, et peut occuper dans les assolements des terres à seigle la même place qu'occupe le trèfle dans ceux des terres à froment : son fourrage est moins abondant; il est fin, de bonne qualité, et presque sans danger pour les animaux ; au reste, le pâturage de la lupuline pour les moutons est peut-être encore plus avantageux que sa conversion en foin ; et comme elle supporte le pâturage continuel, on pourrait la mêler avec le trèfle dans une proportion de deux à un : on la sème en février et mars, à raison de 26 livres par demi-hectare.

LUZERNE. *Medicago sativa*. Les avantages de cette plante sont généralement connus, parce qu'elle est cultivée en grand dans notre département, et dans beaucoup d'autres, étant la plus productive des plantes employées en prairies artificielles. Il peut être utile pour les pays où elle n'est pas encore introduite de leur donner les instructions nécessaires à sa culture : elle préfère une bonne terre, profonde, saine, bien nettoyée de chiendent, et fumée l'année qui précède le semis ; néanmoins, elle réussit dans beaucoup de sols de nature différente : dans les limoneux, formés de dépôts de rivière, excepté dans ceux qui sont tourbeux ou argileux à la surface, ou d'une maigreur extrême ; si l'on fume à l'époque du semis, il faut le faire avec des engrais consommés. Les produits considérables de cette plante, et sa longue durée, tiennent pour beaucoup à la facilité que trouvent ses racines à pénétrer à une grande profondeur dans la terre, qui doit, à cet effet, être bien défoncée : le temps le plus ordinaire de la semer est aux premières pluies d'août et septembre. Semée à cette époque, lorsqu'on a le terrain préparé, elle a l'avantage d'avoir son plant fortifié avant les premières glaces, qui sont parfois très-précoces, et souvent tardives. Généralement la graine est semée seule en mars et avril; on fait alors les semences du printemps : quelques cultivateurs la sèment sur l'avoine, qui a déjà été semée en février, et sur laquelle on répand en mars ou avril la graine de luzerne : on attend l'apparence d'une bruine, qui suffit pour enterrer la graine. Ce fourrage a plusieurs coupes, et des plus abondantes.

Le Nord, beaucoup plus avancé que nous en agriculture, la sème par rayons de six pouces de distance; on a un râteau armé de plusieurs socs en fer de petite dimension, traçant chacun une raie peu profonde ; des femmes sèment rapidement dans chaque raie la graine mêlée avec du sable, et l'on recouvre au fur et à mesure avec une herse légère, que l'on passe au travers des raies; on a de cette manière le double avantage de pouvoir sarcler facilement la luzerne, et d'en augmenter le produit, en arrachant l'herbe, car les luzernes seraient éternelles avec cette précaution. Il est généralement

prouvé que la luzerne est étouffée par les plantes étrangères : il n'est pas difficile d'établir la
vérité de ce que j'avance. Dans les champs ainsi
cultivés le produit sera plus considérable que
dans ceux qu'on a semés à la volée : cette méthode exige quelques frais de plus et des soins
minutieux; on en est largement payé par sa
longue durée.

Dans le mois de février on choisit un temps
calme pour plâtrer les luzernes. Il suffit de 6 à
7 quintaux de plâtre, bien cuit et pulvérisé,
pour la contenance d'un demi-hectare. La première coupe se fait en vert, avant que la plante
soit en fleurs : c'est sa hauteur seulement qui
doit indiquer le moment de la faucher; cette
coupe doit être consommée en vert, à cause de
la difficulté à cette époque de faire sécher le
fourrage : la seconde coupe et les suivantes
sont destinées à du fourrage sec. On choisit
pour le faucher un beau temps : on le laisse
pendant deux jours sans le remuer; l'expérience
qu'on acquiert doit indiquer les soins à donner.
Il est bon de recommander que le fourrage soit
assez sec avant de l'enfermer dans les granges,
sans quoi il fermente, s'échauffe, et devient
très-pernicieux pour les bestiaux; inconvénient
très-grave que l'on éprouve souvent. On sème
32 livres de graine de luzerne par demi-hec-

tare : elle est improprement appelée *sainfoin*, *lauzerde*.

Je dois observer que les terrains frais longeant les rivières contenant une plus grande quantité de mauvaises herbes, il est nécessaire de semer plus dru : alors il faut de 40 à 45 livres; sans cette précaution on manquerait ses semis, qui, se trouvant trop clairs, seraient étouffés par l'herbe. Peu de personnes ignorent les accidents fréquents qui résultent du pâturage des regains des luzernes et du trèfle, lorsqu'on y laisse aller les bestiaux avant que la rosée soit dissipée, ou après la pluie. Comme ils sont très-avides de ces plantes, il est prudent de les garder à la crèche, en observant de laisser faner le fourrage avant de le leur donner : sans ces précautions les animaux se gonflent et périssent. Dans ce cas, pour prévenir la mort de l'animal, si l'on est à portée d'un vivier assez profond, il faut l'y conduire de suite, de manière qu'il ait l'eau jusque sur le dos : il se vide de suite, et c'est là ce qui procure sa guérison.

MÉLILOT DE SIBÉRIE. *Melilotus alba*. Plante bisannuelle, qui s'élève à une hauteur considérable : la durée du *melilot de Sibérie* permet de l'intercaler dans les assolements de la même manière que le *trèfle;* il est probable qu'il s'ac-

commoderait mieux que celui-ci des terres médiocres et graveleuses. Quelque jugement qu'on
en porte dans la suite comme fourrage, il possède un avantage bien reconnu maintenant,
celui de fournir aux abeilles, par des fleurs très-
nombreuses et successives, une pâture abondante, qu'elles recherchent avec avidité : il faut
25 à 30 livres de graine par demi-hectare.

SAINFOIN, BOURGOGNE, ESPARCETTE. *Hedysa-
rum onobrichis*. Le *sainfoin*, ou *Esparcette*, si
improprement appelé *luzerne*, est un des meilleurs fourrages artificiels : soit qu'on le fasse
consommer en vert, soit qu'on le fasse sécher, il n'est pas malfaisant pour les bestiaux;
et quoique moins abondant que la *luzerne* et le
*trèfle*, il devient un excellent amendement pour
les terres, tant à cause de sa durée, que par les
débris de ses feuilles et le chevelu de ses racines (1). Le *sainfoin* se plaît dans les terres
calcaires, chaudes, sèches, tournées au midi,
et même dans des terrains assis sur une couche
de marne ou de tuf, qu'on nomme *caussonels*.
On peut insister sur l'utilité de cette plante et

(1) Je ne désignerai dans mon livre cette plante que sous le nom
français de *Sainfoin-Esparcette*, qui lui est propre. J'engage les
personnes qui pourraient en faire des demandes de s'expliquer, et
de ne pas le confondre avec la grande *luzerne*.

la faculté qu'elle a de réussir sur les terrains
médiocres et de les améliorer sensiblement :
c'est avec le sainfoin qu'on convertit en terre à
froment des terrains où, malgré des tentatives
antérieures, on n'avait jamais recueilli que du
seigle; la démonstration a été telle, et l'exemple si influent, que, de proche en proche, une
grande partie des terres sur les coteaux du Lauraguais a subi, à l'aide du même moyen, une
semblable transformation.

Lorsque l'on destine une prairie de sainfoin à
être fauchée, et qu'on veut en entretenir la
durée le plus longtemps possible, on doit éviter
de faire pâturer le regain, surtout dans les premières années ; mais il est des cas, particulièrement sur de mauvais terrains, où on le sème
exprès pour le pâturage des bêtes à laine : alors
il dure peu; mais, néanmoins, il est encore
d'une grande ressource. On le sème au mois
d'octobre, dès que le temps permet de semer le
seigle ou le blé; sur les champs destinés au
sainfoin, on sème immédiatement après que
les grains ont été recouverts par la charrue. Si
les froids ont fait périr quelques jeunes plants,
il ne faut pas hésiter, en mars, de jeter de
nouveau un hectolitre de graine sur ce même
terrain, l'économie dans ce cas serait un mauvais calcul. D'après l'expérience, on peut répan-

dre, au printemps, sur les champs où l'on a
semé du sainfoin l'automne précédente, un mélange de 5 à 6 livres de *trèfle de Hollande,*
et d'autant de *trèfle jaune.* Cet essai a parfaitement réussi ; l'année d'après le fourrage a été
infiniment plus fourré que celui des autres *sain-
foins* : il y a eu une seconde coupe dans laquelle
les *trèfles* dominaient ; l'année suivante le *sainfoin* fut plus épais, quoique mêlé d'une certaine
quantité de *trèfle ;* mais à la troisième année le
*sainfoin* occupait entièrement le sol : il ne res-
tait que du *trèfle jaune,* qui végétait fort bien
avec la plante prédominante.

On peut aussi semer le *sainfoin* sur des terres
complantées de maïs : peu de temps avant de
le ramasser, on jette la graine à la volée, et
quand on recueille le maïs on le fait couper
rez-terre. Le sainfoin peut s'employer comme
engrais pour les vignes.

On nous annonce le *sainfoin à deux coupes,*
ou *sainfoin chaud :* il résiste plus au froid que
celui déjà cultivé ; sa plante est plus vigoureuse,
plus forte et plus productive que le *sainfoin ordinaire ;* enfin, elle donne une seconde coupe
abondante là où celle-ci ne produit qu'un faible regain. Il est à désirer que nos agronomes
en introduisent l'usage dans nos contrées. Il faut
2 hectolitres et demi par demi-hectare ; d'au-

tres estiment qu'il en faut 3 : on sème généralement trop clair.

GRAND TRÈFLE ROUGE DE HOLLANDE. *Trifo-
lium pratense.* Le *trèfle* est de toutes les prairies
artificielles la plante dont la culture est la plus
étendue en France ; ce qui tient, sans doute, à
la facilité avec laquelle il entre dans l'assolement
de trois années, suivi presque généralement,
sans en déranger l'ordre : sous ce rapport, cette
plante a rendu et rendra encore les plus grands
services, en contribuant plus que toute autre à
la suppression de l'année de jachère, et en dé-
montrant qu'elle peut être remplacée avec avantage par une année productive. Il est à souhaiter,
néanmoins, que cette manière d'utiliser le *trèfle*
soit remplacée par une autre moins défectueuse ;
car des terres où on la ramènerait plusieurs
fois de suite, avec une seule année d'intervalle,
en seraient certainement bientôt lasses.

Le *trèfle* aime de préférence les terrains dési-
gnés dans nos départements sous les noms de
*boulbennes fortes, douces* ou *froides, terres bâ-
tardes, terres lisses ;* enfin, sur tous les sols
composés d'une forte partie de glaise, de sable
et de peu de calcaire.

Le *trèfle* se sème à l'automne sur le blé, ou
bien sur le blé au printemps, ou, enfin, avec
de l'avoine ou de l'orge, aux mois de février et

de mars ; on peut aussi le semer sur la seconde
façon du maïs. Semé sur le blé dans les premiers
jours d'octobre, le trèfle trouve une terre meuble, naît de suite, pousse avant l'hiver de pro-
fondes racines, et peut alors résister au froid :
voilà les avantages. Les inconvénients sont, si
l'hiver est rigoureux, que le *trèfle*, encore jeune,
ne peut y résister ; et si le printemps est pluvieux, que cette plante, acquérant une grande
force de végétation, fleurit en partie, et nuit
extrêmement à la récolte du blé.

En semant sur le blé au printemps, on n'a à
craindre aucun des inconvénients que je viens
de signaler ; mais aussi il est rare que cette
semence réussisse parfaitement : si le mois de
mars et d'avril sont privés de pluie, la graine
ne peut naître ; ensuite, jetée sur des terres que
les pluies de l'hiver ont fortement serrées, la
graine de trèfle a de la peine à en percer la
croûte : si, après l'avoir semée, il survient de
fortes ondées, elle est quelquefois entraînée
dans les sillons ; et si les chaleurs se font sentir
de bonne heure, les jeunes plantes périssent
facilement : on ne manque pas de dire alors que
la graine n'était pas bonne. Que l'on sache que
cette graine, qui est dure, et celle de la *luzerne*,
quoique vieilles et noires, naissent toujours :
l'âge ne les détériore qu'après plusieurs années.

Semée avec l'orge ou l'avoine, au mois de
mars, la réussite en est presque certaine; mais
cette méthode a le défaut de ne pas s'accorder
avec l'assolement de nos terres, de retarder
d'une année le retour du blé, récolte si essentielle, qui ne se trouve que faiblement compen-
sée par celle de l'avoine, dont le succès est si
casuel, quand elle est semée au printemps.

Semé sur le maïs, lors de la seconde façon,
le *trèfle* se trouve en danger de périr par les
fortes chaleurs de juillet et d'août; il faudrait,
d'ailleurs, renoncer à butter les pieds de maïs,
opération cependant nécessaire, à cause de nos
grands vents d'est : ce ne seraient que des endroits choisis dans des vallons frais, et à l'abri
des vents, qui pourraient convenir à cette
culture.

Ayant ainsi exposé le bon et le mauvais de
chaque méthode, je dois ajouter que, d'après
l'expérience, il est préférable, en dernier résultat, de semer le *trèfle* sur le blé dans les quinze
premiers jours d'octobre : la seule précaution à
prendre, c'est que, si le froid parvient à sept
degrés au-dessous de zéro, il faut semer à la fin
de février 8 à 10 livres de graine par demi-
hectare; de cette manière on est certain que le
fourrage sera assez épais : quant à l'inconvénient
qu'a le *trèfle* semé dans l'automne de nuire à la

prospérité du blé, je ne connais aucun moyen
d'y remédier : c'est une chance à courir, heu-
reusement fort rare; on peut cependant se
procurer une sorte de dédommagement, en faisant couper le blé très-haut, et en fauchant de
suite : on obtient ainsi un mélange de trèfle et
de paille qui fait un excellent fourrage. Si l'on
doit avoir une assez grande quantité de terre à
semer en trèfle, il est prudent de la diviser partie en automne, et l'autre au printemps.

La graine de *trèfle* doit être semée un peu
dru, surtout quand c'est avec le blé à l'automne,
ou sur le blé au printemps : d'après des expériences, on est convaincu qu'il en faut de 15 à
16 livres par demi-hectare. Pour en finir avec
nos anciennes habitudes, qui sont de se servir
de l'ancien poids de table, j'observe que j'ai mis
la quantité à semer sur l'arpent, qui correspond
à peu près au demi-hectare, et que j'ai fixé le
poids au demi-kilogramme : il est à désirer que
les vendeurs de cette graine adoptent le nouveau poids, et renoncent à l'ancien, qui est une
difficulté pour le commerce.

Les terres que l'on destine à être semées en
trèfle avec le blé doivent être formées en planches. Le semeur commence par mêler la graine
de trèfle avec cinq fois autant de sable sec; ce
mélange fait, le semeur le répand sur chaque

planche de la même manière que le blé, en allant et venant, et immédiatement après que le blé a été recouvert avec la charrue ; on passe ensuite la herse légère, qui recouvre le trèfle, et fait disparaître les petites raies que la charrue avait formées : si le champ a besoin d'être émotté, on fait cette opération, en ayant attention de ne pas marcher sur les planches. Si on enfermait ce fourrage avant qu'il fût parfaitement sec, il faudrait le mélanger dans la grange avec de la paille, couche par couche.

Le pâturage du *trèfle* chargé de rosée ou d'humidité est très-dangereux, aussi bien que son emploi en vert dans les mêmes circonstances ; on ne doit donc les donner aux bestiaux que convenablement : il en résulte le même inconvénient que pour la *luzerne ;* il faut traiter le bétail qui en serait incommodé comme il est rapporté à son article, en observant que le *trèfle* est encore plus prompt à incommoder le bétail que la *luzerne.*

De tous les engrais que nous pouvons employer pour l'amendement des fourrages artificiels, tels que la *luzerne,* le *trèfle,* le *sainfoin* et le *farrouch,* le plâtre est, sans contredit, le plus précieux, tant par la propriété qu'il a de doubler, pour ainsi dire, la production des fourrages que par la grande économie. C'est à la découverte de cet engrais que nous devons la réussite de nos fourrages artificiels, et, par suite, une des plus grandes améliorations de notre agriculture.

Les époques les plus favorables pour répandre le plâtre sur le *trèfle* et les quatre fourrages indiqués, sont le mois de novembre et de février : on préfère cette dernière, en ce qu'elle fixe pour les métayers le moment où il ne faut plus mener les troupeaux sur les prairies artificielles. Il faut commencer par faire enlever les cailloux; on choisit ensuite un jour bien calme, et l'heure qui suit ou précède le lever du soleil, comme étant celle où l'atmosphère est le plus tranquille : il faut que les personnes qui jettent le plâtre marchent de front, se tiennent courbées en le répandant avec la main, de la même manière que pour semer le blé, jetant le plâtre en allant et revenant, et marchant d'un bon pas. On sèmera de 6 à 7 quintaux de plâtre par demi-hectare : il faut faire cesser le travail dès qu'on s'aperçoit que le vent enlève la partie la plus déliée du plâtre; et pour cela il suffit du vent le plus léger : sans cette précaution on est dans le cas de consommer beaucoup de plâtre inutilement; un brouillard calme, une bruine sans vent, sont encore des moments précieux pour cette opération.

Les graines de *trèfle* récoltées en 1834 sont de mauvaise qualité ; cela se conçoit aisément : les mauvaises herbes, et notamment la *cuscute*, ont été dominantes à cause des grandes pluies. Tout le monde sait que cette graine empoisonne les champs, et mieux encore lorsqu'on la sème en mélange avec la graine de *trèfle;* ce qui a eu lieu cette année. La *cuscute* est dans nos champs; elle ne se montre pas dans les années de sécheresse, et lorsque la terre a été labourée par un temps sec; mais elle paraît avec force quand la terre a été travaillée trop molle et trop humide.

Lorsque le propriétaire a le projet de laisser monter en graine sa récolte de *trèfle*, il doit aller visiter son champ au moment de sa floraison; il verra celle qui est dominée par la *cuscute* : il doit faire faucher cette partie, pour la donner en vert ou la faire faner; par ce moyen il a son *trèfle* pur de ce mélange, et vend la graine avec avantage.

J'ai recherché avec soin de jolie graine de *trèfle* sans *cuscute*, je l'ai payée plus cher ; mais on sait que l'on court au bon marché.

Malheureusement la fraude s'est introduite dans ce commerce, en mêlant du sable grené, préparé et coloré avec de la résine, qu'on mêle avec la graine de *trèfle* pour un tiers; ce qui en augmente le poids.

GRAND TRÈFLE NORMAND. Cette espèce est beaucoup plus élevée que le commun, plus tardive, et ne donne ordinairement qu'une coupe, mais qui souvent équivaut aux deux coupes du *trèfle ordinaire* : son fourrage est plus gros, la plante est plus durable : il doit être préféré à l'espèce ordinaire, et doit engager les agronomes à faire des expériences. J'ai pensé devoir l'indiquer comme un sujet intéressant d'épreuves et d'observations.

TRÈFLE BLANC, PETIT TRÈFLE. *Trifolium repens*. Cette espèce, appelée encore *Fin-Houssy*, est vivace et particulièrement propre au pâturage des moutons; il résiste bien dans les terres sèches et légères, et il peut être fort utile : on l'emploie aussi pour garnir les fonds des prés et des gazons semés en graminées.

TRÈFLE INCARNAT, FARROUCH, TRÈFLE DU ROUSSILLON. *Trifolium incarnatum*. Fourrage annuel, dont la culture s'est étendue dans plusieurs départements. Quoique le *trèfle* incarnat ne donne qu'une coupe, et que son fourrage en sec soit inférieur en qualité à celui du *trèfle* ordinaire, cependant il est peu d'espèces qui puissent rendre d'aussi grands services à l'agriculture, attendu que presque sans frais, sans soins, sans déranger l'ordre des cultures, on peut obtenir d'abondantes récoltes de fourrage ;

il a, de plus, le mérite d'être très-précoce, et d'offrir au printemps des ressources pour la nourriture du bétail presque avant aucune autre plante. On sème ce *trèfle* en août ou au commencement de septembre, ordinairement sur les chaumes, après les avoir retournés par un très-léger labour à la charrue; on fume l'espace consacré à la semence : cette façon, ou du moins l'ameublissement de la surface du sol par des hersages répétés, est nécessaire pour la graine mondée, qui a besoin d'être recouverte à la herse; mais pour la graine en gousse, il suffit de la répandre sur le chaume sans aucune façon préalable et de passer ensuite le rouleau : elle réussit presque toujours bien.

On voit par là avec quelle facilité les pays dépourvus de fourrages pourraient améliorer leur situation agricole. Le cultivateur, après avoir récolté ce fourrage, soit en vert, soit en sec, est encore à temps de lever les guérets sur cette portion de sa sole, et de lui donner toutes les façons de jachères : ainsi, sans dérangement aucun, il aura obtenu de la terre une forte provision de fourrages, entre la récolte et l'époque où naturellement il y aurait mis la charrue. Le *trèfle incarnat* offre une ressource précieuse pour regarnir un *trèfle* manqué, en jetant simplement de la graine en gousse ou épurée sur

les clairières. Presque toutes les terres à froment ou à seigle peuvent porter du *trèfle incarnat :* on emploie de la graine mondée de 20 à
25 livres par demi-hectare, et de la graine en
gousse 200 livres (1).

Je dois observer que le *farrouch* a manqué
l'année dernière; cette année sa réussite n'est
pas merveilleuse : je vais en indiquer la cause.

Je crois, comme je l'indique, que le *farrouch*
semé en août et au commencement de septembre suffit; semé en juillet il est trop précoce :
aussi tous les semis faits à cette époque ont
beaucoup souffert. Les pluies d'alors et du mois
d'août ont facilité le germe à se développer, et
faisaient espérer une belle récolte : la sècheresse
qui a commencé fin août, qui a continué jusque fin octobre, a porté le plus grand préju-

---

(1) On annonce un *trèfle incarnat* hâtif et précoce ; le *farrouch*
de la montagne a sa graine mieux nourrie et plus nette que celle qui
est récoltée dans les plaines du Lauraguais ; aussi lui a-t-on donné
la préférence : c'est la seule qualité que l'on vende dans nos maga-
sins. Feu mon père stimula nos agriculteurs, la fit connaître, la
répandit avec avantage, il y a environ trente-cinq ans ; il fut obligé,
pour engager à la cultiver, de faire l'avance de cette graine, qui ne
devait être payée qu'à la récolte : c'est lui qui la fit épurer pour être
expédiée outre-mer. A cette époque elle fut cultivée à Bayonne, à la
suite de relations avec quelques sociétés d'agriculture, et avec
M. de Villelle-Campolhac, zélé agriculteur.

dice à cette plante : soit que les semences aient été faites avec la graine épurée, ou celle avec son enveloppe, mêlée de graines d'herbes qui sont naturellement dans le mélange, elles ont toutes beaucoup souffert : la graine ronde est le *trèfle incarnat;* sa feuille est plus large que celle du *trèfle* ordinaire. Cette plante jeune est dévorée, par un temps sec, par un insecte nommé *Puceron blanc,* qui plane toute la nuit sur la plante, qui la dévore en entier : on peut se convaincre de ce que j'avance, en vérifiant le champ pendant la nuit; éclairé par des fallots ou des fagots de paille serrés et liés, l'agronome verra une nuée de ces *pucerons* s'élever par l'effet de la lumière.

On voit aussi les *loches* dévorer la feuille des choux, comme le *puceron* noir détruit aussi le semis des choux-fleurs.

VESCE commune, noire. *Vicia sativa.* Les boulbennes que l'on destine à être semées en vesces noires pour fourrage doivent se labourer le plus tôt possible après la moisson; on les ameublit par plusieurs labours et par l'usage du rouleau à pointes : si le sol est de bonne qualité, on peut se dispenser de fumer; mais si la terre est médiocre, il faut une demi-fumaison. Il faut semer les vesces dans les quinze premiers jours d'octobre, et à raison de neuf dixièmes d'hecto-

litre de semence de blé : en semant un peu épais
avant l'hiver, c'est le seul moyen de réparer la
perte qui s'opère par les glaces. Pour soutenir
les vesces, on y mêle un dixième d'avoine sur un
hectolitre de vesces. Il est essentiel sur les terres
boulbennes de semer ce fourrage en formant de
grandes planches bombées; à cet effet, il faut
couvrir les vesces avec la charrue à oreille, et
passer la herse pour aplanir le terrain. Le sé-
jour des eaux est très-nuisible à ce fourrage.

Dans les terres fortes on peut semer les vesces
avant de ramasser le maïs : on donne une légère façon avec la houe pour arracher les herbes et aplanir le sol; on recouvre légèrement
avec des râteaux, ensuite on ramasse le maïs
par un temps sec, en coupant les tiges bien
rez-terre : cette méthode n'est bonne que quand
la récolte du maïs est retardée; il vaut infiniment mieux ne semer les vesces que quand le
maïs est récolté : si le temps le permet, on
donne un bon labour pour déraciner les plantes du maïs; on les enlève alors des champs.

La vesce est très-bonne à donner en vert à
l'étable, ou à faire pâturer; mais avec les précautions nécessaires pour les fourrages fort succulents et nourrissants, car, donnée trop fraîche, ou trop abondamment, elle incommode
les animaux non moins dangereusement que le

trèfle humide. Le choix de la vesce noire est très-important : la grosse noire est celle que l'on fait venir de la Montagne-Noire ; il est bon d'en changer la semence tous les quatre ou cinq ans. Il faut bien fumer le champ qui doit recevoir la récolte du blé, qui doit succéder à la vesce.

VESCE. *Vicia, Vica.* Il existe une *vesce vivace*, qui se trouve naturellement dans nos champs, dans les bois : on la préconise ailleurs comme fourrage utile. Elle est dans ce moment recherchée avec empressement.

On a reconnu l'utilité de cette plante dans le nord de la France, à cause de sa *rusticité;* le gouvernement a même engagé à la cultiver, comme très-avantageuse. Elle est dans nos bois. Pourquoi ne pas la faire ramasser par des femmes au mois d'août? par ce moyen on pourrait se procurer ce fourrage à bien peu de frais.

On n'est pas encore fixé sur la quantité qu'il en faut par demi-hectare ; comme son pied est moins élevé, moins fourré que la vesce commune, il est certain qu'il faudrait un tiers de plus de semence (1).

· FÉVEROLE d'Héligoland, des champs, de cheval, d'Angleterre, où elle est fort estimée.

(1) Semée seule, elle est une ressource en fourrage.

6

C'est une des meilleures sous le rapport du produit : notre climat étant très-favorable à sa culture, en général elle pourrait être cultivée avec avantage. Je me suis abstenue d'en faire mention dans mon petit opuscule : tous les agronomes en connaissent l'utilité, tant en grain que pour fumer les terres ; j'indique seulement la féverole comme utile par sa *rusticité*, et que l'on peut adopter avec certitude : il faut un hectolitre de féverole par hectare.

LENTILLON. *Ervum Lens minor*. Plante annuelle, dont le fourrage est fort estimé. Le lentillon aime les terres sèches : on le sème, à la volée, au mois de septembre, et communément avec un peu d'avoine destinée à le ramer. Il y en a une variété à laquelle on associe le seigle au lieu d'avoine. Un hectolitre de semence.

## TROISIÈME CLASSE.

### Plantes à fourrage de diverses familles.

CHICORÉE sauvage. *Cichorium intybus*. Fourrage très-productif, précoce, résistant bien à la sécheresse, fort utile en pâturage, ou pour être donné en vert à l'étable : il est excellent pour les vaches. Semé avec du trèfle rouge par moitié, il réussit dans les terres fortes ou légères, pourvu qu'elles aient un peu de fond. La grande *chicorée* a parfaitement réussi, elle a donné une très-grande quantité de fourrage; il est à désirer que sa culture soit plus étendue : elle résiste à la sécheresse; elle est, comme les autres fourrages, abondante lorsqu'elle reçoit quelques pluies pour rafraîchir sa racine, qui fournit une touffe bien fourrée d'une infinité de larges feuilles qui partent du cœur de la plante. Lorsque la touffe est à deux ou trois pieds sur terre, et que les premières feuilles qui retombent sur terre jaunissent, il faut faucher de suite ; on les donne en vert à tous les animaux, bœufs, vaches et chevaux, qui mangent cette plante avec avidité; il faut la laisser faner comme tous les fourrages succulents, visiter souvent le champ, pour ne pas la laisser monter. Il sort du cœur de la tige, lorsqu'on oublie de la faucher à temps, une espèce de roseau qui enlève la végétation des feuilles, qui se rangent naturellement le long de la tige, qui se rapetissent, et qui enlèvent le fourrage; il ne faut pas laisser monter la tige. Cette plante se fauche plusieurs fois; un agronome qui en a fait l'expérience m'a assuré qu'il lui était impossible de fixer la quantité qu'il avait récoltée, d'en calculer le produit.

Sa culture a été recommandée par plusieurs journaux.

On sème ordinairement la *chicorée sauvage* en février, à la volée, soit seule, ou en mélange, à raison de 12 livres par demi-hectare; on peut aussi la semer en septembre.

La *chicorée sauvage à navet* a des racines longues et charnues comme des carottes blanches : on pourrait en nourrir les porcs, qui mangent bien les racines. On peut la cultiver en lignes sarclées et binées; les racines en seraient plus belles.

CHOU CAVALIER, CHOU A VACHES. *Brassica oleracea vaccina, seu procerior*. Le chou cavalier paraît être le meilleur, au moins pour les terrains fertiles, à raison de son élévation considérable et de l'emploi de ses feuilles. Tous les choux aiment la bonne terre, plutôt plus forte que légère, et bien fumée. On sème le *chou cavalier*, et toutes les grandes espèces, en pépinière dans un coin de jardin, en août ou septembre, ou en mars et avril; on les replante en place, les premiers en octobre ou novembre, les seconds en mars et avril, par lignes espacées d'environ trois pieds, et à deux ou trois pieds de distance sur la ligne : pendant leur végétation on entretient ce terrain net et meuble par des labours ou des binages. Ces choux don-

nent leur produit en feuilles jusqu'au printemps
de leur seconde année, qu'ils montent en
graine.

Le *caulet* de Flandre est voisin du *chou cavalier* par son port, sa hauteur et son produit.

Le chou *branchu*, ou chou *mille-têtes*, est
cultivé de préférence pour l'engrais des bœufs:
il est moins élevé que le *cavalier,* mais peut-être
aussi productif; il est garni depuis le pied de
jets nombreux et forts, qui en font une espèce
de buisson très-épais. Ces diverses variétés,
ainsi que tous les choux verts proprement dits,
se cultivent de la même manière, et sont peu
sensibles au froid. On peut par économie, en
les plantant à demeure, les faire placer au der-
rière de la charrue.

CHOU-NAVET, CHOU TURNEPS, CHOU DE LAPO-
NIE. *Brassica napo-brassica.*

Son produit principal consiste dans sa racine,
charnue comme un gros navet; une de ses qualités est de supporter de très-grands froids sans
altération. On le sème en place ou à la volée;
dans tous les cas on éclaircira de manière que
les plants soient à 10 ou 15 pouces de distance.
Il est très-bon pour engraisser le bétail : un
terrain doux, sablonneux et un peu frais, lui
convient. Il faut 4 livres de graine par demi-
hectare.

CHOU RUTABAGA, NAVET DE SUÈDE. *Brassica rutabaga.* Cette plante a été introduite en France venant d'Angleterre, où elle est d'une culture très-étendue et d'un produit extraordinaire ; elle est peu connue ici (1). Le *rutabaga* doit être semé en place ; chaque plant doit être à la même distance que les navets ordinaires : il supporte un froid considérable, et peut être laissé l'hiver dans les champs pour n'être arraché qu'au besoin. Même terrain que le précédent.

CHOU-COLZA. *Brassica oleracea campestris.* C'est principalement pour l'huile que l'on retire de la graine que le colza est cultivé en grand dans la Flandre (2) ; mais il sert aussi pour le fourrage. Après la récolte des grains, on donne un bon labour au chaume ; on sème sur ce guéret la graine de colza à raison de 6 à 7 livres par demi-hectare : le plant passe l'hiver sans

(1) Mon père en fit l'expérience : sa racine, bonne au goût, fut conservée jusqu'à la mi-avril, longtemps après nos navets, qui boisent de bonne heure. On a négligé sa culture.

(2) Un de nos premiers agriculteurs, M. Hacher de Cahuzac, les cultivait en grand dans ses propriétés, situées dans le département de l'Aude ; il en fit extraire l'huile, qui fut très-bonne, ayant fait faire un moulin exprès. Cet agronome distingué a cultivé des premiers le grand trèfle. Une mort prématurée a enlevé cet homme de bien, qui aurait activé les progrès de l'agriculture.

être endommagé, et, à la fin de cette saison, il fournit, soit une pâture, soit du fourrage vert à donner à l'étable, l'un et l'autre précieux par l'époque où ils viennent. Tous les choux *rustiques*, et encore mieux le *rutabaga* et le chou-navet, peuvent être employés de cette manière.

La méthode ci-dessus n'est bonne que pour le cas où l'on veut tirer du *colza* un fourrage vert au printemps : sa culture pour graine demande plus de soin. A la fin d'août on la sème à la volée sur une terre bien préparée; on l'éclaircit au besoin : il est essentiel de faire la récolte de cette graine dès aussitôt que la maturité du plus grand nombre des cosses est à peu près complète, car on pourrait perdre beaucoup en différant.

MOUTARDE BLANCHE. *Sinapis alba.* Cette plante est employée pour fournir du vert aux bestiaux pendant l'automne. Elle se sème généralement sur les chaumes immédiatement après la récolte au moyen d'un léger labour. L'usage de la graine dans les gastrites et les maladies de ce genre commence à devenir fréquent en médecine. On emploie environ 10 à 12 kilos de graines à l'hectare.

MOUTARDE NOIRE. *Sinapis nigra.* Peut servir comme la précédente à la nourriture des bestiaux, mais son principal emploi consiste dans la récolte de la graine dont on fait de la farine.

PIMPRENELLE. *Poterium sanguisorba.* Le grand mérite de cette plante est de fournir d'excellentes pâtures sur les terres les plus pauvres et sèches, soit sablonneuses ou calcaires : elle résiste aux extrêmes de la sécheresse et du froid ; elle offre surtout une ressource très-précieuse en hiver pour la nourriture des troupeaux. Quelques milliers d'hectares abandonnés et incultes, à cause de la mauvaise qualité du terrain, pourraient, par la culture de la grande *pimprenelle,* apporter une amélioration sensible dans leur situation agricole. Il faut au moins 100 livres par demi-hectare ; il serait même prudent de porter la semence à 120 livres.

SPERGULE. *Spergula arvensis.* Fourrage annuel, particulièrement propre aux sables frais, et qui fournit une nourriture excellente pour les vaches. Le beurre de celles qui en sont nourries est regardé comme d'une qualité supérieure. On le sème en été sur les chaumes, après la moisson, au commencement de septembre ; on le fait consommer sur place, ou on le donne en vert à l'étable, ressource qui dure jusques aux gelées : son foin sec perd considérablement à la dessiccation, à cause de la nature aqueuse de la plante. Cette graine, très-fine, doit être peu recouverte. On en sème 24 livres par demi-hectare. Quelques personnes prétendent que sa graine est bonne à la nourriture de la volaille.

---

## QUATRIÈME CLASSE.

### Fourrages-Racines.

BETTERAVE CHAMPÊTRE, DISETTE. *Beta vulgaris campestris.* Toutes les betteraves sont bonnes pour la nourriture des bestiaux ; mais on cultive particulièrement pour cet objet la *betterave champêtre,* à cause de son produit plus considérable : sa culture est trop négligée, cependant elle fournit une ressource bien précieuse pour les bestiaux de travail, et surtout pour les porcs, tant par ses feuilles, que par ses racines, qui acquièrent une grosseur considérable. La *betterave champêtre* exige une terre substantielle, douce, de bonne qualité, fraîche de sa nature, et profonde. Au commencement de l'hiver le terrain doit être défoncé aussi profondément que possible, et recevoir à la fin de cette saison un autre labour qui l'ameublisse parfaitement : on fume, et on passe la herse pour bien aplanir le sol, et le rendre meuble.

Au commencement d'avril on profite du beau temps pour semer les graines de betterave : pour bien faire ce semis il faut suivre la marche que je vais tracer.

Le terrain étant bien préparé, prenez un cordeau, marqué en couleur de 15 en 15 pouces, que l'on tend sur un des bords du champ, à 15 pouces du fossé; on a un petit plantoir en bois, et vis-à-vis chaque marque du cordeau on fait un trou de deux pouces de profondeur, où l'on dépose une ou deux graines, que l'on recouvre aussitôt; deux ouvriers suffisent pour ce travail : on replace de nouveau le cordeau à 15 pouces, en ayant soin de disposer les marques en échiquier ou quinconce, et non de côté, le long de celles qui sont sur la raie précédente, et l'on sème, en poursuivant, le terrain jusques au bout; de cette manière chaque plante aura une plus grande étendue de terre pour sa nourriture. Deux enfants intelligents peuvent faire ce semis.

Après que la plante a pris un peu d'accroissement, il faut suivre exactement toutes les rangées, et ne laisser à chaque place qu'un seul pied.

Je dois observer, pour ceux qui ne connaissent pas cette culture, que chaque graine donne, non-seulement une racine, mais elle en fournit jusqu'à cinq. Voilà pourquoi il est indispensable de suivre tous les rangs et de ne laisser en place qu'un seul plant, celui qui a la plus belle apparence, le plus fort, le plus vigoureux; sans cette précaution les racines se dévorent entre elles, et l'espoir du produit serait frustré.

Pour faire cette opération il est essentiel de choisir un temps sombre; la terre doit être fraîche et moins molle : il paraît inutile de remplacer dans les endroits vides les jeunes plants qui ont manqué; cela exigerait un arrosement prompt, sans lequel ils ne reprendraient pas. Dès que l'on a éclairci les plants, la racine laissée en place prend un accroissement rapide, et il n'est plus besoin que de tenir le terrain bien net de mauvaises herbes : on cueille les feuilles quand celles du bas commencent à se flétrir, en détachant la côte près du *collet* (la racine sort de terre en forme de pain de sucre), sans la rompre dans le milieu. On observera, en ramassant les feuilles, de les couper en tirant vers la terre, et non par le haut, pour ne pas donner de secousse à la racine, qui serait ébranlée, et se détacherait de la terre : il ne faut pas laisser de chicot, mais bien cinq à six feuilles qui montent verticalement, et forment l'œil de la plante. On commence cette première cueillette vers la fin de juin, et on la renouvelle de mois en mois jusqu'à la fin de septembre. Le retranchement des feuilles ne nuit pas à l'accroissement des racines, qui grossissent jusques à la fin d'octobre.

On doit ramasser les racines avant les gelées, qui leur seraient très-nuisibles : choisissez pour cela un moment où la terre sera un peu humectée, afin de les arracher facilement; enfermez-les de manière qu'elles se trouvent à l'abri de la gelée, soit dans des caves, ou bien dans de grandes fosses recouvertes de terre.

Les racines de la *betterave champêtre* sont excellentes pour toute sorte de bétail : les bêtes à corne et à laine, les porcs, la volaille même, s'en accommodent parfaitement; c'est encore à l'entretien des cochons qu'elle est utile : les racines coupées à morceaux, distribuées aux bœufs, leur font le plus grand bien, les rafraîchissent pendant les temps qu'on leur donne des fourrages secs, et les préservent des maladies : elles donnent un lait excellent aux vaches.

Cette racine a une teinte rose : cuite, elle est très-bonne en salade; ses feuilles tendres remplacent les épinards à la cuisine : les feuilles parvenues à une extrême grosseur, étant très-larges, remplacent les cardes ; sa racine acquiert souvent le poids de 25 à 30 livres, si le terrain lui est propice.

La graine pour semence venue du Nord est préférable : les bons agronomes, ceux même qui en font la culture depuis quelques années, ne conseillent pas de la récolter dans le pays, parce que le vent d'est la dessèche, la détériore, la rend très-menue et lui enlève une partie de la germination; c'est, du reste, l'avis de M. le comte de Villeneuve (observation particulière indiquée dans son *Manuel d'agriculture*) : il faut de 6 à 7 livres de cette graine par demi-hectare.

BETTERAVE BLANCHE A SUCRE DE SILÉSIE. Son volume est beaucoup moindre que celui de la betterave champêtre; mais les parties sucrées et nutritives en sont beaucoup plus abondantes, ce qui la fait préférer par quelques cultivateurs. Son emploi est pourtant bien moins usité que celui de la betterave champêtre. Sa racine se développant totalement en terre rend les frais d'arrachage beaucoup plus onéreux.

BETTERAVE GLOBE JAUNE. Cette espèce, originaire d'Angleterre, est adoptée et cultivée depuis quelques années par un grand nombre de propriétaires; elle croît presque à la surface du sol, ce qui la rend particulièrement propre aux terrains peu profonds.

CAROTTE. *Daucus Carota.* Cette racine est d'une excellente qualité pour la nourriture de

tous les animaux; sa culture devrait être générale : un de ses avantages est de pouvoir très-
bien se passer d'être fumée; elle préfère une
terre douce, profonde et ameublie, amendée
l'année qui précède celle du semis. On sème
depuis mars jusques en juin, selon le climat et
le terrain, à raison de 8 livres le demi-hectare,
à la volée, ou en rayon; on recouvre la graine par
un léger hersage et le rouleau : on doit l'éclaircir et la biner, et la laisser à un espace de 5 à
6 pouces, comme il a été dit à l'article *potager*.
Les diverses espèces sont les *rouges*, les *rouges
pâles à grosse tête*, les *jaunes* et les *blanches* :
il y a quelques différences entre ces variétés, indé-
pendamment de la couleur; mais toutes peuvent
être employées utilement. La *jaune d'Achicourt*
est la meilleure de toutes ; la *grosse blanche de
Breteuil* est aussi très-bonne et vigoureuse.

NAVET turneps, Rabioule, Rave plate.
*Brassica Rapa.* Les ressources que fournissent
les navets pour la nourriture des animaux pendant l'hiver sont généralement connues. On fait
usage de leur racine dans plusieurs parties de
la France pour l'engrais des bœufs, et pour
aider à nourrir les vaches, les moutons et les
porcs.

Les *navets* aiment la terre plutôt légère et sèche, ou du moins saine, que forte et humide,

bien préparée, nettoyée, et, pour le mieux, fumée. La saison ordinaire de la semaille est depuis la fin de juin jusqu'au commencement d'août; elle peut être, en certains cas, prolongée jusqu'au commencement de septembre, et dans d'autres, devancée de plusieurs semaines. La méthode ordinaire est de semer les navets à la volée : celle de les semer en ligne serait préférable, par la plus grande facilité des sarclages et binages : il est aussi profitable pour les *navets,* que pour la récolte qui les suivra, qu'ils soient éclaircis, sarclés et façonnés. On obtient aussi de bonnes récoltes de cette racine, en les semant au moyen d'un seul labour léger donné au chaume : ces semis réussissent si la saison les favorise. Toutes les espèces de *navets* sont propres à la grande culture.

La grosse *rave* du Limousin et d'Auvergne , appelée *rabioule,* à laquelle on a conservé le nom impropre de *turneps,* comprend plusieurs variétés : *rave jaune,* le *navet jaune d'Ecosse, navet d'Alsau,* appelé *navet long de campagne,* et désigné sous le nom de *gros navet de Berlin :* on emploie 6 livres de graine par demi-hectare.

Tous les *navets* et les *carottes* préparent la terre, la brisent, la divisent, l'ameublissent, même pour recevoir les céréales, qui réussissent parfaitement, quoique semées de suite après les avoir cueillis.

POMME DE TERRE ou PARMENTIÈRE. *Solanum tuberosum.* Cette plante n'a pas besoin d'être recommandée ; son mérite est apprécié, sa culture généralement connue. Il y en a diverses espèces : la *blanche*, la *rouge*, cultivée en grand sur nos montagnes ; le *cornichon jaune hâtif*, la *grosse jaune*, aussi hâtive ; la *jaune suisse*, etc., etc. Les expériences qui se font pourront fixer le choix des propriétaires.

TOPINAMBOUR. *Helianthus tuberosus.* Ces tubercules ont le goût de l'*artichaut*. Les *topinambours* doivent être cultivés comme les pommes de terre : ces tubercules ne gèlent jamais. Cette plante réussit sur des terrains ordinaires, médiocres, et résiste bien aux sécheresses. Depuis quelque temps on a entrepris en grand la culture du topinambour. On tire le plus grand parti de la feuille et du tubercule pour la nourriture des bestiaux et sa tige fournit un bon combustible. La plantation se fait de bonne heure au printemps.

## ASSOLEMENTS.

Sur les ASSOLEMENTS j'emprunterai au *Supplément d'agriculture* de M. le comte Louis DE VILLENEUVE, imprimé en 1834, l'article suivant, résultant de ses expériences :

« J'ai vu le temps où un bon *assolement* était toute l'agriculture ; il me paraît impossible de donner des règles générales : la variété de notre climat, les qualités si variées de nos terres, me semblent exiger un *assolement* pour chaque commune, chaque domaine, et même pour chaque champ. L'agronome prudent ne doit adopter aucun système exclusif : l'opinion d'un habile agronome servira, sans doute, à donner de l'importance à ce conseil. Mon honorable collègue, M. DECAMPS-CAYRAS, dans un *Mémoire* fort intéressant sur les *assolements*, s'exprime ainsi : « Sans doute, ces systèmes sont
» suivis dans une partie de la France. S'ensuit-
» il de là que nous puissions les adopter ?
» avons-nous des pluies aussi fréquentes ? les
» sécheresses désastreuses que nous avons ne
» leur sont-elles pas inconnues ? avons-nous,
» surtout comme dans le Nord, des fermiers
» par état riches, intelligents, qui cultivent avec

» persévérance et exactitude? avons-nous, enfin,
» de grands domaines réunis? ne sommes-nous
» pas, au contraire, dans une position tout
» opposée? Il y a trente ans, ajoute M. Decamps,
» que je m'occupe d'agriculture; ce n'est qu'à
» force de persévérance, de patience, de fer-
» meté, et en menant une vie très-pénible, que
» je suis parvenu à obtenir quelques succès : il
» faut être très-sage dans les innovations en
» agriculture. »

» Un *assolement* invariable me paraît bien
difficile à établir : un hiver extraordinaire, une
sécheresse comme celle de 1832, qui a détruit en grande partie les fourrages artificiels,
doivent nécessairement déranger tous les cal-
culs. Un *assolement* ne peut être qu'une base
variable sur laquelle on prépare le moyen d'obtenir le plus de blé possible; car dans notre
position territoriale, c'est sur le blé qu'il faut
spéculer : lui seul nous présente des chances à
peu près assurées de revenu.

» Ce principe a, sans doute, ses exceptions :
des localités peuvent présenter une réunion de
terres douces, terres d'alluvion, faciles à travailler dans tous les temps; si vous joignez à
ces avantages les talents, la persévérance de
mes honorables collègues, on sera certain du
succès; mais ce n'est pas à de telles positions

que je m'adresse, c'est à ce grand nombre d'a-
gronomes qui veulent forcer la science à leur
donner des résultats certains, sans faire la part
du climat et des accidents sans nombre que
nous sommes dans le cas d'éprouver.

» Je dois, d'abord, observer que, dans ces
*assolements*, la durée de *l'esparcette* ou *sainfoin*, comme fourrage, est réduite à trois ans,
au lieu de quatre : c'est, sans doute, une dimi-
nution dans l'amendement produit par ce fourrage ; mais ces trois années s'accordent mieux
avec le retour du blé et du maïs. Dans *l'assolement* que je suis sur mon domaine à Auterive,
il y a deux années consécutives en blé, après le
défrichement du *sainfoin-esparcette;* j'ai été
amené à ce changement, toujours par le même
motif, qu'il faut considérer dans le Midi le blé
comme la première de nos ressources : sans
doute, après le défrichement du *sainfoin*, on
est certain d'obtenir une belle récolte de maïs,
mais la vigueur de la plante retardant sa maturité, il arrive presque toujours qu'on ne peut
nettoyer le champ des mauvaises herbes, que les
semailles sont retardées; et si les gelées arrivent
de bonne heure, la récolte est souvent médiocre.
On blâmera, sans doute, ce mode de semer blé
sur blé, comme contraire au principe; voici ce
que dit à ce sujet M. Dombasle :

« Je pense que, dans les *assolements* mo-
» dernes, on a repoussé d'une main trop ab-
» solue la succession de deux récoltes de céréa-
» les; il est, cependant, beaucoup de cas où on
» peut se permettre cette espèce d'écart dans
» un *assolement* de sept, huit ou neuf ans. »

» Si M. Dombasle permet cet écart dans le
Nord, où on a tant de ressources pour le succès
des récoltes du printemps, il nous en ferait un
devoir dans le Midi, où le blé et le maïs sont
presque nos seules ressources. Peut-être devrait-
on semer plus de blé, en diminuant la culture
du maïs.

» On objectera, sans doute, qu'avec la sècheresse de nos étés il est difficile de défricher les
chaumes de *sainfoin* ou *esparcette* et de *blé;*
c'est, sans doute, un obstacle qui peut se présenter, comme en 1832 : mais, dans les années
ordinaires, il est bien rare que quelque orage
ne vienne faciliter les travaux nécessaires. On
se sert alors de l'araire avec le soc pointu, qui
ouvre légèrement la terre; et s'il survient une
autre pluie, on peut donner un bon labour
avec la charrue à versoir. Au reste, pour
obtenir une bonne récolte sur un défrichement de fourrage ou de pré, il ne faut pas
donner un labour profond, afin d'éviter la maladie du *gamat;* c'est pour le second blé qu'il

faut labourer profondément, afin de ramener à la surface la couche de terre amendée par le *sainfoin*. L'expérience a prouvé que, pour les défrichements, de quelque nature qu'ils soient, il faut laisser reposer la terre après les premières fortes pluies du mois de septembre; il se forme alors une croûte qui donne de la vigueur aux racines du blé : il n'en est pas de même des boulbennes, on peut les labourer jusqu'au moment des semailles (1). La différence qui existe entre ces deux espèces de terre a dû nécessairement amener des changements dans la manière de les cultiver. Ainsi, pour les terres fortes, les labours avec les plus fortes chaleurs sont excellents pour détruire le chiendent, et pour les boulbennes ils ont l'inconvénient de diminuer la vigueur de la terre. C'est par la même raison que, si on a fumé des champs, en donnant la seconde façon avec la charrue à versoir, il ne faut donner les autres labours qu'avec l'araire, afin de ne pas ramener les engrais à la surface.

» Il résulte encore de ces diverses natures de sol que, pour les boulbennes, il ne faut pas retarder les semailles, afin de semer la terre bien sèche, et pour le *terre-fort* il faut attendre

(1) Ce procédé s'emploie pour toutes les terres légères.

que la terre soit bien trempée. Il est, toutefois, des années où l'on n'a, pendant l'automne,
que quelques petites pluies : il faut bien se
décider à semer ; mais, dans ce cas, et lors
même que cette opération serait faite dans une
terre bien humectée, il faut, au printemps,
passer le rouleau pesant sur les blés semés sur
le *terre-fort;* il est même utile de faire passer
après le rouleau le troupeau en masse serrée,
et rapidement. De cette manière la terre étant
bien tassée, on préviendra la maladie désignée
par les paysans sous le nom de *gamat* ou *grau-
zel.* Cette maladie a une cause fort simple : si
de fortes gelées ont soulevé la terre, et qu'on
néglige de la raffermir avec le rouleau ; s'il survient au printemps, au moment où le blé va
monter en tuyau, un vent d'*auta* (sud-est), très-
commun à cette époque, l'air brûlant pénètre
aux racines, la terre ayant été soulevée par la
gelée, et on aperçoit bientôt les tiges jaunir et
se dessécher. Si on a semé la terre bien molle,
pour ainsi dire pétrie, la gelée ne peut la sou-
lever, et les racines sont à l'abri. C'est surtout
dans les défrichements des fourrages et des vieux
prés, que cette maladie est à redouter : le *seigle*
et l'*avoine* ne courent pas le même danger.

# DE QUELQUES ESPÈCES ET VARIÉTÉS DE PLANTES CÉRÉALES.

ALPISTE, Graine d'oiseau des Canaries, Millet long. *Phalaris canariensis*. Plante annuelle, analogue au millet par sa culture et son emploi. Sa paille est un bon fourrage pour les chevaux et pour les bêtes à corne. Semer clair, à la volée, en avril et mai, sur une bonne terre, meuble et engraissée. On se sert de son grain pour la nourriture des serins.

AVOINE. *Avena sativa*. Cette céréale présente un grand nombre de variétés, dont il est difficile de déterminer le mérite respectif, attendu que le terrain et le climat influent souvent beaucoup sur leur succès et leur qualité.

Pour donner une plus grande utilité à mon livre, j'indiquerai ici les principales variétés des céréales; en faisant observer que c'est seulement par des essais faits sur son propre terrain que chacun pourra juger de celles auxquelles il devra donner la préférence.

J'observerai qu'il nous a été adressé des demandes de diverses qualités d'*avoine maïs*, ainsi que de blés étrangers. Je vais indiquer plusieurs

espèces, afin que les agronomes qui pourraient
désirer faire quelques expériences de ces céréales soient d'abord fixés, tant sur leurs qualités,
que sur leurs produits.

J'offre de faire venir de l'étranger les grains
qu'on pourra désirer : j'aurai pour chaque année un tarif des prix, desquels on pourra prendre connaissance ; et, sur les demandes qui me
seront faites, je ferai arriver dans mon magasin
les articles que j'aurai de commande, pourvu
que les commissions soient données en temps
utile. Les agronomes auraient désiré avoir
des blés étrangers. Il y a une grande difficulté d'obtenir les qualités franches et nouvelles, j'en ai fait l'expérience ; mais je trouve
une plus grande difficulté à placer le peu que
je pourrais avoir, vu les prix élevés pour le port
des céréales, et le bas prix des nôtres.

AVOINE PATATE, ou AVOINE POMME DE TERRE.
*Avena sativa turgida.* Grain blanc, court, pesant,
à écorce fine, abondant en farine. Cette variété
est fort multipliée depuis quelques années en
Angleterre.

AVOINE DE GÉORGIE. *Georgiana.* Grain d'un
blanc jaune, fort gros et pesant, à écorce dure,
panicule très-grand, feuille large, paille grosse,
élevée, douce cependant, et de bonne qualité
pour le bétail ; maturité très-précoce : elle four-

nit au battage plus de balle qu'aucune autre espèce.

AVOINE JOANETTE. Multipliée depuis peu dans les environs d'Orléans, à cause de sa précocité ; sujette à s'égrainer, et demandant, pour cette raison, à être coupée avant sa parfaite maturité : grain noir, d'assez bonne qualité.

AVOINE A TROIS GRAINS. *Trisperma*. Ainsi nommée de ce que ses épillets sont en grande partie composés de trois grains qui restent attachés par leur base : fort productive, et peu difficile sur le terrain : grain assez volumineux, mais barbu, à écorce dure.

AVOINE NOIRE DE BRIE. Une des meilleures variétés et des plus productives dans les bons terrains : grain court, renflé, de très-bonne qualité. Une partie des grains ne se séparent point au battage, et restent attachés deux ensemble par leur base.

AVOINE D'HIVER. *Hyemalis*. Très-cultivée et estimée en Bretagne et dans une partie de l'ouest de la France, mais d'une réussite incertaine dans les pays froids : elle peut être adoptée dans notre climat, plus doux et plus tempéré que dans le Nord. Elle est très-productive en paille et en grain, qui est pesant et d'excellente qualité : maturité précoce ; on la sème en septembre ou au commencement d'octobre : on

7

peut l'employer très-utilement pour les premiers semis de février, ou même dès la fin de janvier, qui, faits avec cette espèce, sont bien plus assurés qu'avec les avoines de mars.

AVOINE DE Hongrie, JAUNE DE RUSSIE, UNILATÉRALE. *Orientalis.* Deux variétés : la *blanche* et la *noire*, fort distinctes des autres avoines, en ce que leur panicule est resserré, et tous les grains attachés de court et pendant d'un seul côté ; ce qui leur fait donner aussi le nom *d'avoine à grappe* : la noire est extrêmement productive dans les bons terrains ; son grain est un peu maigre et d'un faible poids ; son grand produit en grain et en paille lui fait donner dans plusieurs lieux la préférence.

L'avoine blanche de Hongrie est surtout remarquable par la force et la hauteur de la paille ; son grain est encore inférieur à celui de la noire.

L'avoine jaune de Hongrie, mêlée de noir, a parfaitement réussi ; cette plante en vert est fourrée, sa feuille plus large, plus élevée que la nôtre ; elle offre un avantage à donner en vert ; son produit en grain est immense ; sa tige s'élève à cinq pieds ; dans peu elle sera répandue dans le pays.

*Blés d'hiver sans barbe.* BLÉ BLANC DE FLANDRE dit BLANC ZÉE, OU BLAZÉE. Un des froments les plus beaux et les plus productifs qui se récoltent en France.

BLÉ BLANC DE HONGRIE. Remarquable par la forme très-arrondie de son grain.

BLÉ DE TALAVERA. Fort multiplié depuis quelques années en Angleterre : paille élevée, épi long, beau grain blanc, de forme allongée.

BLÉ DE HAIE. A grand et gros épi, dont les balles sont recouvertes d'un duvet cotonneux ; ce blé, cultivé en Angleterre, est de très-bonne race.

BLÉ LAMMAS. Rouge, précoce, productif ; veut être semé de bonne heure, et craint les terrains trop humides ; sujet à s'égrainer, et demandant, pour cette raison, à être coupé avant sa complète maturité.

*Blés d'hiver barbus.* BLÉ DU CAUCASE. Épi très-allongé, grain dur et pesant ; paille grosse et cependant sujette à verser. Ce blé est remarquable par sa grande précocité, et peut être semé en février et mars, aussi bien qu'en automne : il a une sous-variété à *épi rouge* et *sans barbe*, qui ne diffère du barbu que par ces deux caractères.

Tous les blés qui viennent d'être décrits appartiennent à l'espèce du blé commun, *triticum sativum*.

BLÉ POULARD BLANC, CARRÉ, OU POULARD DE BARBARIE, *triticum turgidum.* Ce froment appartient à la race des gros blés *barbus,* dit *pou-lards,* dont le grain est en général d'une qualité commune et peu estimée ; mais il l'emporte sensiblement à cet égard sur ceux qui lui sont analogues, en même temps que, comme eux, il a le mérite d'être très-productif en paille et en graine. Il est plus rustique que les blés fins.

BLÉ DE MIRACLE OU DE SMYRNE. *Triticum compositum.* Remarquable par ses épis rameux, c'est-à-dire composés de plusieurs épis réunis en une seule tête grosse et élargie : grain blanc, fort gros et arrondi. Quoique ce froment ait été, à diverses époques, préconisé, et qu'il ait le mérite d'être d'un grand produit, sa culture s'est cependant très-peu étendue jusqu'ici, parce qu'il est assez difficile sur le terrain, et qu'il donne une farine dure et grossière ; sa paille est pleine et très-dure.

FROMENT DE MARS. *Triticum sativum vernum.* Cette race de grain n'est pas aussi cultivée qu'elle devrait l'être. Si l'excès des pluies, une inondation, les insectes ou le froid, ont détruit ou endommagé fortement des pièces semées en blé d'automne ; si les propriétaires, contrariés par une saison trop rigoureuse, n'ont pu achever leurs semailles, il en résulte un déficit, quelquefois considérable, dans la récolte des froments, déficit qui pourrait être rempli par les blés de mars, si leur culture était plus générale et plus étendue qu'elle ne l'est : il faudrait, pour cela, que l'on en semât annuellement sur chaque exploitation quelques arpents. Cette ressource pourrait être d'autant plus facilement étendue, que les blés de mars réussiraient dans beaucoup de terrains trop légers pour ceux d'automne.

Parmi les variétés de ce grain je citerai les suivantes : *froment de mars à épi blanc sans barbe*, le plus cultivé, quoiqu'on l'y trouve plus souvent mêlé du suivant; — *à épi blanc barbu*, un peu plus hâtif que le précédent; — *rouge sans barbe,* espèce cultivée dans le Nord, et qui paraît être fort bonne; *carré de Sicile*, épi rouge, court, ramassé, sans barbe; — *blé Fellemberg*, paille aussi haute et épi aussi long que dans le *blé d'automne;* il a le défaut de s'égrainer facilement (il doit, pour cette raison, être coupé un peu avant la maturité complète); — *blé Pictet,* sous-variété du précédent, dont le grain tient mieux dans la balle, et qui paraît lui être égal et peut-être supérieur sous les autres rapports; — *blés d'Odessa* et de *Tangarok*, qui, dans des essais nombreux faits en France, ont généralement bien réussi; — *blé du Cap*, joli grain jaune, dur, pesant. Ces divers blés peuvent être semés depuis la mi-février jusqu'à la mi-mars.

MAIS, BLÉ DE TURQUIE, BLÉ D'INDE. *Zea Maïs.* L'utilité de ce grain pour l'homme et les animaux est bien connue. Les variétés de cette céréale sont très-nombreuses : il y en a de toutes couleurs de grain; les plus cultivées sont ou jaunes ou blanches : ces deux espèces sont généralement adoptées dans nos départements.

On en cultive dans le département des Landes une belle variété blanche, à épi plus court et plus conique que celui du précédent, un peu plus hâtive, et de très-bonne qualité.

On a aussi recommandé depuis quelques années un *maïs de Pensylvanie,* sensiblement plus hâtif que le nôtre, et qui, sous ce rapport, offre de l'intérêt.

MAÏS DES SIOUX, DES ÉTATS-UNIS. Cette race est analogue à la précédente, mais à épis et grains beaucoup plus gros; — *maïs perle,* blanc, très-petit, et fort joli, mûrissant difficilement dans le Nord, et qui paraît spécialement propre à donner du fourrage, par le grand nombre de tiges et de feuilles qu'il produit. Parmi les variétés tout-à-fait hâtives, je citerai les deux suivantes, comme ayant un mérite particulier.

MAÏS QUARANTAIN. Moins élevé et moins productif que l'ordinaire, mais beaucoup plus précoce, au point que, dans le Piémont, il mûrit, semé en juin et juillet, sur le chaume des grains qui viennent d'être récoltés. Cette qualité permet de le cultiver, et de remplacer les *maïs* qui ont été ravagés par les grêles de juin : c'est encore une ressource.

Maïs d'Alger. Cône pointu, grain très-serré, plus productif que le nôtre : sa farine est également bonne pour la nourriture de l'homme et des animaux qu'on engraisse; mais son grain, pointu et piquant, rebute les bêtes qui en sont nourries ordinairement.

Maïs a poulet. Cette jolie race est apportée d'Amérique : elle diffère de la précédente, en ce qu'elle est plus petite dans toutes ses parties, et encore plus précoce.

La petitesse de ses grains fut indiquée par son nom, aussi bien que par l'usage qu'on peut en faire. Sous le rapport du produit, cette variété ne peut être comparée même au *quarantain;* mais elle possède encore à un plus haut degré tous les avantages attachés à une grande précocité ; et, sous ce rapport, elle est véritablement intéressante : ces deux *maïs* doivent être semés plus rapprochés que le grand.

SARRASIN, Blé noir, Carabin, Bucail. *Polygonum fagopyrum.* C'est en général la ressource des pays pauvres et des terrains sablonneux, froids et médiocres; il offre aussi des

avantages qui peuvent le faire admettre avec
utilité sur des exploitations mieux partagées.
Son grain, très-abondant, et qui sert, comme
l'on sait, à la nourriture de l'homme, convient
encore beaucoup pour la volaille et les pigeons ;
il est excellent pour l'engrais des cochons, et
bon pour les chevaux ; ses fleurs fournissent
une abondante pâture aux abeilles : coupée en
vert, la plante donne un assez bon fourrage ;
enfouie en fleur, elle est reconnue comme un
des meilleurs engrais végétaux connus : de plus,
la végétation du *sarrasin* étant très-rapide, et
permettant de le semer tard en saison, il offre
une grande ressource comme récolte auxiliaire
ou intercalaire. On le sème presque toujours à
la volée, et quand la terre est humide on la
relève en billons auparavant, parce qu'il craint
l'humidité.

On emploie un demi-hectolitre de semence
par hectare pour récolter *à graine,* et le double
si c'est pour enfouir.

Les cendres de ses tiges contiennent beaucoup
de potasse.

Cette plante fleurissant pendant longtemps,
ses premières graines sont tombées avant que
les dernières soient mûres ; on est donc obligé
de prendre un terme moyen entre les unes et les
autres pour en faire la récolte ; quand elle est

faite, on les tire en bottes, qu'on place droites pour les laisser sécher.

En faisant part de la dénomination de quelques céréales, je ne puis m'empêcher de parler aussi d'un seigle nouveau.

SEIGLE DE MARS. *Secale cereale vernum.*

Ce seigle, inconnu en France, vient d'être introduit dans le département de l'Ain. Son grain est long, clair, net, et fait de fort bon pain; c'est encore une céréale qui peut être très-avantageuse à l'agriculture.

Son grain doit être semé clair, vu son grand produit.

# GAZONS.

Les *gazons* étant d'une grande importance dans les jardins d'agrément, je dois parler ici de la manière de les cultiver, et du moyen de les conserver. Aucune plante ne forme un aussi agréable tapis de verdure que le *ray-grass, lolium perenne, ivraie vivace.* Toutes les fois qu'on voudra former un *gazon* près de la vue, près de la façade d'un appartement, ou sur lequel on voudra se promener, s'asseoir, il faudra le former avec le *ray-grass;* on peut y mêler avec avantage le *trèfle fraise, incarnat blanc,* et même un peu de *lotier corniculé;* mais il faut que la terre soit bonne, substantielle : si elle était légère ou sablonneuse, le *ray-grass* y périrait; si elle était trop humide, il y viendrait des joncs et d'autres grosses plantes fort désagréables.

Avant de semer un *gazon* le terrain doit être parfaitement préparé pour recevoir les graines, c'est-à-dire, qu'après avoir reçu un bon labour, on enlève toutes les pierres et les racines, on égalise parfaitement sa surface, et, s'il en a besoin, il faut l'amender avec des terreaux consommés, que l'on a soin de ne pas enterrer. Le semis se fait par un temps couvert ou pluvieux, à la volée, à la proportion de 120 livres par demi-hectare ; on recouvre les graines au râteau et à la herse, et on passe le rouleau : cette dernière opération se répète tous les printemps, immédiatement après les gelées, pour raffermir les terres, et, après chaque fauchage, pour faire taller les plantes, afin d'obtenir une verdure épaisse et uniforme : tous les soins se bornent ensuite à l'entretenir net de toute plante étrangère, à l'arroser pendant les grandes sècheresses, et à faucher l'herbe au moins quatre fois par an, si ce n'est pas davantage : il faut observer de le faire toujours avant l'époque de la fructification.

Un *gazon* bien fait, purgé attentivement des mauvaises herbes, et surtout des mousses fines, et amendé tous les deux ou trois ans avec du fumier consommé, ou des terreaux, et mieux, si la mousse s'y met, avec de la chaux, du plâtre ou des cendres, peut se conserver dans toute sa beauté plusieurs années.

On peut faire sur un tapis de verdure de petites masses de *colchique* et de *crocus*, qui font un effet charmant et fleurissent, les premiers à l'automne, les seconds au printemps. Cet usage mérite d'être imité dans tous les *gazons* à portée de la vue, soit des fenêtres du logement, soit dans les promenades.

## GAZON DE MAHON.

Le *Gazon de Mahon* fleurit à tapis; la fleur en est rose, violette et lilas : il est très-agréable dans les parterres, car il fleurit pendant trois saisons de l'année ; on le tond et taille souvent, parce qu'il se reproduit de lui-même par la chute de ses graines. On le sème en mars, en bordures, dans une terre douce et légère, avec un mélange de sable bien fin, à cause de la finesse de sa graine.

---

CALAMBOKI. Mɪʟ importé d'Athènes. Cette plante remplace avantageusement l'avoine ; elle est propre à le nourriture de toute espèce d'animaux : bêtes à corne, chevaux, mules, porcs, et tous les volatiles, qui le mangent avec avidité. Son grain est plein, rond; sa culture est la même que celle du mil à balai; on le sème à raies comme les fèves, on travaille la terre aux mêmes époques. Il faut élaguer les pousses trop nombreuses, et n'en laisser que deux ou trois à chaque pied; tout fond de terre est convenable à sa culture ; une des propriétés de cette semence est de fournir au moins vingt charrettes de tiges par arpent propres au chauffage du four ; sa tige s'élève à plus de deux mètres, de la grosseur d'un roseau ; les feuilles sont très-larges et d'un joli vert : du haut de la tige il se forme une grosse houppe, longue de huit pouces, enflée, large, garnie d'une si grande quantité de graines, qu'il doit y en avoir au moins deux mille. Cet aperçu doit démontrer l'utilité de cette plante, dont le produit est incalculable ; aussi on annonce que deux boisseaux suffisent pour semer un arpent ou un demi-hectare, qui doit produire de 40 à 50 hectolitres pour le moins.

---

**SORGHO SUCRÉ.** *Holcus saccharatus.* Je ne ferai pas rééditer ce petit ouvrage sans accorder quelques lignes au sorgho sucré dont on a tant parlé en France depuis plusieurs années. Je ne parlerai pas de son emploi pour l'extraction de l'alcool, que de nombreuses expériences ont confirmé ; mais la plante, que la cherté excessive des alcools dans ces dernières années avait tant fait préconiser, serait bien vite oubliée, si l'abondance de la récolte vinicole continuait à se montrer dans les années suivantes comme dans celle qui vient de s'écouler.

Je ne mentionne ici cette plante que pour son emploi en agriculture comme fourrage vert; les résultats excellents et les produits énormes qu'elle a donnés, l'abondance et la bonne qualité de lait qu'elle donne aux vaches la placent au premier rang des fourrages pour verdure.

Elle se sème à la même époque que le millet et le moha de Hongrie et même plus tard, car les chaleurs ne nuisent nullement à sa végétation.

Semée pour fourrage, on emploie de 15 à 20 kilos de graines à l'hectare.

# TABLEAU

DES FLEURS LES PLUS INTÉRESSANTES ARRANGÉES DANS
L'ORDRE DE LEUR EMPLOI DANS LES JARDINS.

---

## PLANTES POUR PARTERRE.

### BULBEUSES (AIL).

Amaryllis.
Anémone.
Anémone hépatique.
Asphodèle.
Balisier.
Bulbocode.
Colchique.
Cyclamen.
Cypripède.
Erythérine.
Fritillaire.
Fumeterre.
Galant.
Glaïeul.
Glycine.
Hémérocale.
Iris.
Jacinthe.
Lis.
Morée.
Muscari.
Narcisse.
Néottic.
Nivéole.

Orchis.
Ornithogale.
Oxalide.
Pancratier.
Phalanyère.
Renoncule.
Safran.
Scille.
Trolle.
Tulipe.

### FIBREUSES TRÈS-HAUTES
(FLEURS AU PRINTEMPS).

Diverses astères.
Digitale ferrugineuse.
Valériane.

#### FLEURS EN ÉTÉ.

Alcée, rose-tremière.
Asclépias de Syrie.
Campanule pyramidale.
Napée.
Persicaire du Levant.
Phlomis.

Phormion.
Phytolaca.
Soleil.
Soleil d'Alger.
Soleil nain.

### FLEURS EN AUTOMNE.

Dalhia.
Hélénie.
Ketmie.
Sylphium.

### Idem HAUTES (FLEURS AU PRINTEMPS).

Ancolie.
Dauphinelle élevée.
Iris.
Lamier, orvale.
Lunaire.
Muflier des jardins.
Pavot.
Phlox.

### FLEURS EN ÉTÉ.

Acanthe.
Aconit.
Asclépiade.
Astragale.
Astrante.
Bugrane.
Buphthalme à feuilles en cœur.
Butome.
Coriope.
Digitale.
Echinope.
Enothère.
Galéga.
Gaura.
Gentiane jaune.
Ketmie.
Lavatère de Thuringe.

Lobelie.
Lychnide de Chalcédoine.
Lysimachie.
Matricaire.
Melisse.
Molène.
Molucelle.
Momordique.
Panicaut.
Pavot.
Rudbeckia.
Sainfoin d'Espagne.
Spirée.
Stramoine.
Tagétes.
Tanaisie.
Varaine.

### FLEURS EN AUTOMNE.

Anserine ambroisée.
Anthemis à grandes fleurs, chrysanthème.
Bottonia.
Cacalie.
Casse.
Epilobe à épi.
Eupatoire.
Galane.
Immortelles à bractées.
Lotier-Saint-Jacques.
Sariette.
Valériane.
Verge-d'Or.
Ximénésie.

### Idem MOYENNES (FLEURS AU PRINTEMPS).

Carthame.
Celsia.
Cynoglosse.
Dendrie.
Doronie.
Elyme.

Ephémérine.
Epimède.
Gentiane.
Geranier.
Giroflées.
Gnaphale oriental.
Gomphrène.
Hélonias.
Ibéride.
Julienne.
Lupin vivace.
Lychnide.
Mélilot.
Menyanthès.
Mimule ponctuée.
Orobe.
Pigamon.
Pivoine.
Podophylle.
Polémoine bleue.
Pulmonaire.
Sauge.
Saxifrage.
Sceau de Salomon.
Vélar.
Verveine.

Digitale obscure.
Dracocéphale.
Enothère.
Fabagelle.
Ficoïde glaciale.
Fraxinelle.
Galane.
Giroflée.
Hysope.
Ibéride.
Immortelles.
Lavande.
Liseron.
Lotier rouge.
Martymé.
Mimule.
Monarde.
Nigelle.
Nolana.
OEillet.
Saponaire.
Scabieuse.
Séneçon.
Septas.
Souci.
Stevia.

### FLEURS EN ÉTÉ.

Achillée.
Amaranthe.
Arum.
Astère, reine-marguerite.
Astragale.
Balsamine.
Belle-de-Nuit.
Bétoine.
Bupthalme.
Campanule.
Centaurée, bleuet.
Chrysanthème.
Cinéraire.
Cynoglosse.
Dalea.
Dauphinelle.

### FLEURS EN AUTOMNE.

Grande absinthe.
Anthemis d'Arabie.
Astère.
Boucage.
Célosie.
Centaurée odorante.
Chrysocome.
Coquelourde.
Casiope.
Crépide.
Cupidone.
Eupatoire pourpre.
Géranier.
Giroflée.
Gnaphale de Virginie.
Gomphrine.

Ibéride.
Lobélie.
Lopézie.
Verveine.
Zinnia.

*Idem* BASSES (FLEURS AU PRINTEMPS).

Alysse.
Arabette.
Arenaire.
Cynoglose printanière.
Gentianelle.
Globulaire.
Gyroselle.
Hellébore noir.
Helléborine.
Iris nain.
Marguerite vivace.
Muguet.
Primevère.
Primevère auriculée.
Réséda.
Violette.

FLEURS EN ÉTÉ.

Adonide.
Amethyste.
Androsace.
Astère des Alpes.
Atanasie.

Basilic.
Bermudienne.
Epervière.
Silène.
Véronique.

FLEURS EN AUTOMNE.

Ficoïde annuelle.
Tussilage odorant.

*Idem* RAMPANTES.

Alysse saxatile.
Arabette.
Liseron.
Momordique élastique.
Pervenche.

*Idem* GRIMPANTES.

Capucine.
Dolique.
Gesse odorante, vivace, tubéreuse de Tanger.
Haricot d'Espagne à grandes fleurs.
Houblon.
Ipomée.
Liseron.
Pervenche.
Pois odorant vivace.

## PLANTES POUR BORDURES.

Absinthe petite.
Alysse saxatile.
Amaryllis jaune.
Anémone hépatique.
Anthemis odorante.
Auricule.
Buis nain.
Fraisier.
Hysope.

Ibéride toujours verte.
Iris.
Jacinthe.
Lavande.
Marguerite vivace.
Marjolaine.
Mélisse.
Œillet, mignardise de mai, de poète.

Narcisse.
Primevère.
Romarin.
Sauge.
Safran.
Samboline.
Sauce.
Saxifrage.
Statici.
Thym.
Violette.
Œillet deltoïque.

Brunelle grandiflore.

*Idem* ANNUELLES.

Astère, reine-marguerite, naine.
*Idem*, pied-d'alouette.
Crepis rose.
Cynoglosse à feuilles de lin.
Dracocéphale d'Autriche.
Julienne de Mahon.
Linéaire à fleurs d'Orchis.

## PLANTES POUR L'ORNEMENT DES EAUX.

Acorus.
Butome.
Cresson.
Flochière.
Iris des marais.
Jonc.
Lysimache.

Ménianthe.
Nénuphar.
Parnassie.
Populage.
Roseau blanc.
Roseau panaché.
Scorpion.

## PLANTES POUR PLATE-BANDE DE TERRE DE BRUYÈRE.

Amaryllis.
Ansonia.
Asclépiade incarnat.
Buglose de Virginie.
Calcéolaire.
Dandrie.

Digitale des Canaries.
Erithrochise.
Gentiane pourpre, jaune et visqueuse.
Pachysandre.
Trillium.

## PLANTES POUR ROCAILLE.

Androsace.
Arénaire.
Cactier, raquette.

Drave des Pyrénées.
Erine des Alpes.
Ficoïde.

| | |
|---|---|
| Gypsofile des murailles. | Primevère. |
| Joubarbe. | Saxifrage. |
| Lychnide des Alpes. | Sedum. |
| Millepertuis. | Symbalaire. |

---

## On est prié d'affranchir les Lettres.

FIN.

# TABLE DES MATIÈRES.

---

## CHAPITRE PREMIER.

### CATALOGUE DES GRAINES POTAGÈRES.

# CHAPITRE DEUXIÈME.

## GRANDE CULTURE.

## DE QUELQUES ESPÈCES ET VARIÉTÉS DE PLANTES CÉRÉALES.

FIN DE LA TABLE DES MATIÈRES.

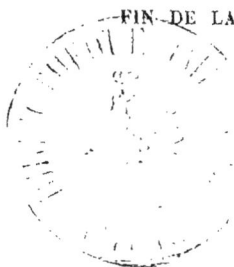

www.ingramcontent.com/pod-product-compliance
Lightning Source LLC
Chambersburg PA
CBHW050108210326
41519CB00015BA/3876